国产保偏光纤
辐照效应及其机理研究

张红晨　编著

黑龙江科学技术出版社
HEILONGJIANG SCIENCE AND TECHNOLOGY PRESS

图书在版编目（CIP）数据

国产保偏光纤辐照效应及其机理研究 / 张红晨编著
. -- 哈尔滨：黑龙江科学技术出版社, 2022.6
ISBN 978-7-5719-1388-5

Ⅰ. ①国… Ⅱ. ①张… Ⅲ. ①光辐射－研究 Ⅳ.
①O432.1

中国版本图书馆 CIP 数据核字(2022)第 079178 号

国产保偏光纤辐照效应及其机理研究
GUOCHAN BAOPIAN GUANGXIAN FUZHAO XIAOYING JI QI JILI YANJIU
张红晨 编 著

责任编辑 闫海波
封面设计 林 子
出 版 黑龙江科学技术出版社
地址：哈尔滨市南岗区公安街 70-2 号 邮编：150007
电话：（0451）53642106 传真：（0451）53642143
网址：www.lkcbs.cn
发 行 全国新华书店
印 刷 哈尔滨博奇印刷有限公司
开 本 787 mm×1092 mm 1/16
印 张 7.5
字 数 130 千字
版 次 2022 年 6 月第 1 版
印 次 2022 年 6 月第 1 次印刷
书 号 ISBN 978-7-5719-1388-5
定 价 68.00 元

目　录

第 1 章
绪论

国产保偏光纤辐照效应及其

机理研究

1.1 课题背景及意义

光纤陀螺仪能够为航天器提供精确定位和导航，与激光陀螺仪和机械陀螺仪相比，具有可靠性高、精度高、装配工艺简便、结构紧凑、质量轻、耗能低和强度大等优点[1]。石英保偏光纤是光纤陀螺仪的关键部件之一，为光信号传输提供载体。因为保偏光纤具有内在的、完全确定的内部高双折射，外部扰动所引起的双折射通常被内部高双折射所“湮灭”，由此导致在普通单模光纤中简并的偏振模式可以分开，当光信号在保偏光纤中传输时，能够保持光的偏振状态不变，所以被称为保偏光纤。

因为航天器主要通过遥控和预先编制的程序工作，空间环境又是一种完全不同的工作环境，航天用器件和材料又需要具有长期稳定的工作性能，所以，与地面上应用的普通保偏光纤相比，人们对航天用保偏光纤性能指标提出更高的要求。航天器在空间飞行过程中，受到包括带电粒子辐照、真空、温度、原子氧和空间碎片等诸多空间环境因素的影响，其中，对于舱内器件和材料来说，主要受到带电粒子辐照因素的影响。空间带电粒子辐照环境极其复杂，在不同轨道上，带电粒子能量、注量和通量的分布有所差异，即使是同一轨道上，由于受到地磁场、太阳活动等诸多因素的影响，带电粒子能量、注量和通量的分布也存在很大幅度的变动[2]。

在空间辐照环境中，带电粒子主要由电子和质子构成，大量的试验和理论研究结果表明，电子辐照[3-5]和质子辐照[6-9]导致器件和材料光学性能严重下降。决定石英保偏光纤性能的主要参数包括衰减系数和偏振系数，其中辐照对偏振系数的影响甚微，衰减系数受辐照因素影响最大，辐照导致衰减系数增大，即形成辐照诱导损耗[10,11]。以 Co^{60} 为放射源产生的伽马射线，因为其剂量率稳定、可在空气中进行试验、剂量率调节方便等优点，所以，利用伽马射线辐照是评价材料和器件抗辐照特性与研究电离损伤机理应用最为广泛的方法[12,13]。辐照导致在光纤内部形成缺陷，在损耗谱中表现为产生新的吸收峰，或者原有吸收峰增高和变宽，从而光纤对光信号的吸收增强、产生辐照诱导损耗，由此输出功率严重降低，直接导致光纤陀螺仪的精度下降甚至失效。

石英保偏光纤属于各国重点技术保护项目，一些航天强国诸如美国和俄罗斯等国家一直禁止向我国出口这项技术。近年来，我国成功研制出“熊猫”型和“一”字型石英保偏光纤，弥补了这项技术空白。其中，“一”字型石英保偏光纤的结构特征是国际上独创[14]。由于工业基础和技术的限制，我国研制的“熊猫”型石英保偏光纤的生产工艺和掺杂等细节与其他国家生产的同类石英保偏光纤有所差异。到目前为止,我国自行研制的石英保偏光纤在空间辐照环境下的性能退化规律和损伤机理还没有得到深入、系统的研究,为了能够正确评价空间辐照环境下石英保偏光纤的在轨服役行为,需要深入和系统地研究辐照导致国产石英保偏光纤的性能退化规律及其损伤机理。国际上针对光纤的辐照效应主要集中在伽马射线辐照的研究工作上,虽然关于电子和质子的辐照效应也有一些研究,但是多是关于高能粒子辐照的研究,关于低能电子和质子辐照的研究工作未见报道。而在空间粒子辐照环境中,低能带电粒子注量比高能带电粒子注量高几个数量级。所以,开展低能带电粒子对光纤辐照效应的研究很有必要。采用科学有效的地面模拟试验,系统地研究石英保偏光纤在不同空间辐照环境因素下的性能退化规律和损伤机理,有着非常重要的科学意义和工程应用价值。

本书以工作波长为 1 310 nm 的国产“熊猫” 型和“一” 字型石英保偏光纤为研究对象,采用不同能量电子、质子和不同剂量率伽马射线辐照,通过辐照诱导损耗试验测量和辐照前后微观结构分析,借助辐照模拟软件计算,研究其性能退化规律,揭示导致性能退化的损伤机理,阐述辐照诱导缺陷的类型和演化规律,建立辐照诱导损耗变化的数学模型。本项研究工作不但可为国产石英保偏光纤在轨服役行为奠定基础,而且,对提高光纤陀螺仪在轨运行的可靠性和推动新型抗辐照石英保偏光纤的研制有着极其重要的意义。

1.2 石英保偏光纤的分类及其衰减系数变化的影响因素

1.2.1 石英保偏光纤的分类

20 世纪 80 年代以前,由于缺少对常规单模光纤偏振态的控制技术,所以,利用光纤偏振性能比较困难。随着光纤陀螺仪等高精度光纤传感器技术的发展,对光纤偏振态控制技术的应用要求越来越迫切[15]。近 30 年以来,国内外许多厂家和科研单位对石英保偏光纤进行了深入的研究,到目前为止,已经成功研制出多种类型和型号的石英保偏光纤,基本可以满足在当前工程技术中应用的要求。

根据包层、应力区和纤芯的结构与形状进行分类,国际上通用的石英保偏光纤可以分为椭圆纤芯型、椭圆包层型、领结型和“熊猫” 型四种类型,这四种类型石英保偏光纤结构如图 1 - 1 所示[16]。

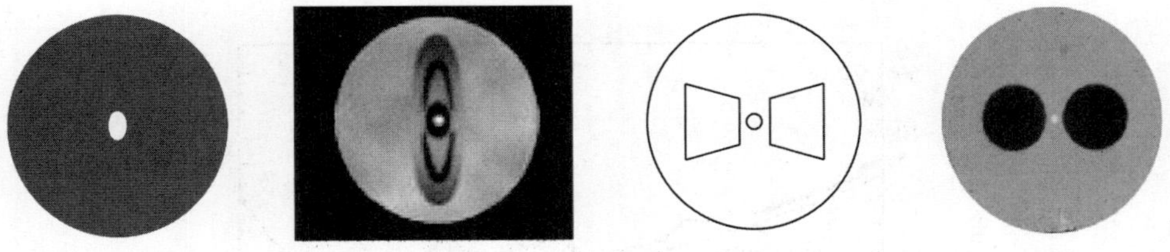

a) 椭圆纤芯型　　b) 椭圆包层型　　c) 领结型　　d)"熊猫" 型

图 1 - 1　石英保偏光纤类型[26]

另外,我国独创的"一" 字型石英保偏光纤,其应力区形状是"一" 字长条形,具体细节将在第二章中介绍。"熊猫" 型石英保偏光纤因在纤芯两边形成对称的两个圆形"熊猫眼" 应力区而得名,又因为具有双折射性能高、纤芯圆度优异、衰减系数低以及生产工艺成熟等一系列的优点,所以是最常用的石英保偏光纤[17,18]。

1.2.2　石英光纤衰减系数的影响因素

衰减系数是表征石英保偏光纤损耗的参数,它的大小是衡量光纤对光信号能量的吸收程度,其损耗主要包括材料的吸收损耗与散射损耗两种,下面介绍影响光纤衰减系数的诸多因素。

首先,对于纯度高和均匀性好的石英光纤,在可见光和红外波段的损耗较低。但是,一些外来元素杂质能够产生严重的光吸收,这些杂质主要包括 Cu^{2+}、V^{3+}、Cr^{3+}、Fe^{3+}、Mn^{3+}、Co^{3+} 和 Ni^{2+},它们的电子跃迁能级位于 SiO_2 材料的能隙中,可以被可见光和红外光激发,在可见和红外波段有很强的吸收损耗[19]。

其次,除金属杂质以外,Si - OH 是一种光吸收极其严重的杂质。如图 1 - 2 所示,在石英光纤中,Si - OH 杂质在 0.95 μm、1.39 μm 和 1.24 μm 附近形成损耗峰,其中在 1.39 μm 附近的损耗峰的峰值最大[20,21]。虽然随着光纤制造技术的进步,消除 Si - OH 的技术已经有了显著提高,可以制造出质量比小于几十个 ppm(1 ppm $= 10^{-9}$) 的高纯度石英光纤,在 0.95 μm 处的 Si - OH 吸收峰基本上可以消除,但是,在 1.39 μm 附近的吸收峰却很难避免。

再者,光纤内部散射同样也导致损耗增加,称为散射损耗,其中瑞利散射最为严重。光纤中的 SiO_2 材料是一种无序结构材料,而且光纤纤芯部分掺有杂质,纤芯和包层界面掺杂物质及其浓度不一,导致其密度在微观上不均匀,光波在这样的介质中传播呈散射状态,即为瑞利散射。瑞利散射是由入射波激发传输介质中原子键的偶极子导致辐射引起的,散射强度与光波波长的四次方成反比,即波长越短,因散射引起的损耗越大。对于工作波长为 1 310 nm 的光纤,因为波长较长,所以,

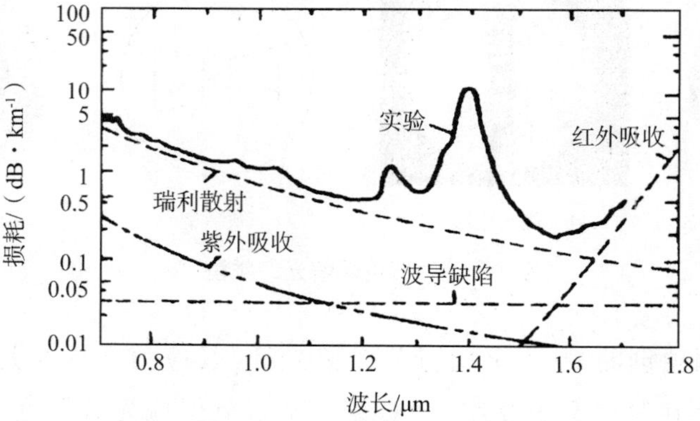

图 1-2 石英单模光纤的损耗谱[21]

散射引起的损耗比较小[19]110。

另外，由于纤芯和包层交界面随机的畸变以及粗糙引起的光波模式转换或模式耦合，也会产生散射损耗，称为波导损耗，与之相对应的缺陷称为波导缺陷。必须提高光纤制造工艺，改善光纤纤芯和包层交界面的畸变以及粗糙程度，才能减少光纤的波导损耗。对于工艺成熟、工艺参数控制较好的光纤，可以使光纤波导损耗降到完全可以忽略的程度[19]111。

还有，当光纤环半径达到一定数值时，其曲率半径减小，导致一部分光渗透到包层中甚至穿过包层向外泄漏而形成损耗，即为弯曲损耗。当光纤环半径超过2.5 ~ 5.0 cm 时（其具体值与光纤自身因素有关），可以忽略弯曲损耗的影响[21]112。

需要特别注意的是，光纤陀螺仪用石英保偏光纤在空间辐照环境中运行，因为辐照过程中发生化学反应以及杂质扩散，在光纤中产生新的缺陷，导致光纤的衰减系数增大。

1.3 石英光纤在空间环境中的适应性

综上所述，主要影响石英光纤衰减系数的因素包括金属离子、Si - OH 缺陷和辐照，石英光纤在空间辐照环境中的适应性也是人们特别感兴趣的问题。航天器所运行的空间环境是由多种因素构成的特殊环境，在这种环境下长期服役，很多材料的性能都会发生退化，甚至失效。所以，为了确保航天使命的完成，空间技术中所使用的石英保偏光纤必须满足空间环境适应性要求。为此，需要了解和研究光纤的各种空间环境效应，不断寻求提高石英保偏光纤在空间环境下工作性能可靠性的途径。

1.3.1 航天器运行环境

航天器在运行过程中,受到包括电离辐照、真空、温度、原子氧和空间碎片等诸多空间环境因素的影响,其中,对于舱内器件和材料来说,主要受到电离辐照和温度因素的影响。

(1) 电离辐照环境

涉及实际应用的低轨道和同步轨道,曾经有人统计过[22],从 1971 年到 1986 年,美国发射的卫星共发生 1 589 次事故,其中电离辐照导致的事故发生次数约占总事故的 70%,由此可见,电离辐照对航天器正常运行影响比较严重。近地空间电离辐照环境主要有地球辐射带、太阳宇宙射线和银河宇宙射线[23],其成分包括能量范围很宽的电子、质子和重离子。

地球辐射带是地球磁层内捕获大量的高能电子和质子的区域,按照结构通常将其分为内辐射带和外辐射带两个部分。内辐射带比较接近地球表面,中心高度在 3 000 ~ 6 000 km 之间,主要带电粒子是电子(能量在几十 keV 到几 MeV 之间)和质子(能量在几十 keV 到几百 MeV 之间),分布在南北纬 40° 之内[24,25]。外辐射带中心高度在 20 000 ~ 25 000 km 之间,分布在南北纬 55° ~ 70° 之内,主要成分是电子,能量可以达到 MeV 级别[26]。由于地球辐射带相对于地球呈非对称分布,所以在不同区域内带电粒子的能量和通量有所不同,例如赤道面上质子和电子通量均随着高度的变化而变化,而且能量越低的粒子,其通量也越大[27]。另外,地球辐射带粒子受太阳活动和地磁扰动影响较大,在太阳活动高年和低年粒子通量有明显波动。

太阳宇宙射线是由太阳活动而抛射出的高能带电粒子流,也称为太阳质子事件,其主要成分为质子(通量占 90% 以上),其余为电子、α 粒子和少量重荷离子。一般情况下,大部分质子能量在 1 MeV 到几百 MeV 之间[28]。

银河宇宙射线来自银河系中的高能粒子流,其成分包括大约 88% 的质子、大约 10% 的 α 粒子和元素周期表中几乎所有的重离子。银河宇宙射线粒子的能量在 40 MeV ~ 10 TeV 范围内,平均能量为 3.5 TeV。其中突出的特点是,银河宇宙射线不受太阳活动的影响。

上述电离辐照环境为近地空间的自然环境,航天器在轨运行时,表面材料直接受这些自然环境的作用。而舱内材料由于受到舱体的屏蔽作用,所接受的辐射环境相对较弱。例如在 Exploer - 55 卫星上获得的特定轨道上质子、电子和轫致辐射的吸收剂量,随铝厚度的变化而变化:随着防护厚度的增加,穿透能力差的粒子将被屏蔽,吸收剂量随之降低,而对甚高能的质子,防护厚度到一定程度后,屏蔽作用已不明显[29]。

(2) 空间温度环境

宇宙背景环境温度与 3 K 的绝对黑体相当,空间环境基本是一种冷黑环境。太阳辐照是空间环境中的主要热源,被照射物体将达到较高温度。对于低地球轨道,由于航天器频繁进出地球阴影区,导致其表面温度多在 - 101 ~ 93 ℃ 范围内,在地球同步轨道运行的航天器,表面温度变化范围多在 - 150 ~ 150 ℃ 之间。对于地球同步轨道,一年星蚀次数为92,最长星蚀时间可以达到72 min,其中绝大多数时间航天器表面温度会从 60 ℃ 急剧下降到 - 190℃,航天器舱内温度变化也能够达到50 ~ 65 ℃[30]。

1.3.2 石英光纤的空间环境效应

空间环境中存在恶劣和复杂的温度及辐照环境,光纤处在这两种环境中必然会出现有别于普通地面环境中的效应。

环境温度变化时,一方面能够导致纤芯折射率发生变化,从而导致光纤的偏振性能改变[31];另一方面会导致纤芯各向异性应力的改变[32],由此影响光在光纤纤芯中的传输速率,产生相位调制,带来检测的误差。另外,辐照前经过热处理,然后再进行辐照,光纤的传输特性也会受到影响,例如,辐照剂量相同情况下,经过 200℃ 热处理后再进行辐照的光纤,比未经热处理就直接进行辐照所导致的光纤损耗低[33]。

如表 1 - 1 所示,在辐照环境中工作的光纤陀螺仪,其部件的性能都会有所下降,其中光纤性能受辐照环境影响比较严重,而衰减系数是其中受影响最为严重的参数[10]2226。

表 1 - 1　光纤陀螺仪部件参数和辐照的影响[10]2226

参数	元件	剂量影响
输出功率	光源	严重
响应度	探测器	严重
转换率	探测器	适中
等效噪声功率	探测器	适中
调制器相位波动	光集成器件	适中
调制器功率	光集成器件	适中
分光比	光集成器件	轻微
衰减系数	光纤	较严重
折射率	光纤	适中
偏振系数	光纤	轻微
偏振交叉耦合	接头	轻微
背向散射系数	接头	轻微

1.3.3　空间实用石英光纤的基本要求

对于航天器用石英保偏光纤,电离辐照和空间温度环境对其要求如下:

(1) 电离辐照环境要求

由于辐照损伤导致光纤性能下降,当性能下降到一定程度时,光纤传输功率过低,从而无法保证光纤陀螺仪精确定位。随着光纤陀螺仪在卫星上应用越来越广泛,卫星对光纤陀螺仪的可靠性及寿命也提出了更高的要求,有些高轨道卫星设计寿命要求达到10 ~ 15年,为了保证卫星达到如此高的使用寿命,要求光纤陀螺仪的平均无故障时间(MTBF)达到3×10^5 h以上。按照光纤陀螺仪MTBF为3×10^5 h来进行可靠性分配,要求光纤环的MTBF均大于10^6 h,光纤环失效判据为衰减系数增大5倍。

虽然在光纤陀螺仪中有一定的装置来减少对器件和材料辐照的损伤[34],但是,由于空间辐照环境的复杂性,有必要对各个器件尤其是石英保偏光纤的性能退化规律及损伤机理进行研究。

(2) 空间温度环境要求

航天器在轨运行时,温度相差悬殊,即使有航天器热控系统作用,舱内温度范围也在50 ~ 65 ℃范围之内。在这个温度范围之内,虽然石英保偏光纤的性能发生变化,但是,这仍然在光纤陀螺仪正常工作的技术指标之内,况且光纤陀螺仪自身也有温控设备和防热装置,可以缩小工作环境温度范围。

通过对空间用光纤的基本要求分析可知,在空间环境中,辐照是导致光纤性能下降的主要因素,下面介绍辐照粒子与光纤的相互作用。

1.3.4　辐照粒子与石英光纤的相互作用

辐照源主要包括电子、质子和以Co^{60}为放射源的伽马射线。伽马射线辐照是最常用、最简便的辐照源,但是,伽马射线辐照不能反映空间辐照环境的真实情况。而电子和质子辐照产生的影响能够真实地模拟空间环境中的损伤效应,所以,研究带电粒子辐照石英保偏光纤,对其在空间技术中的应用起到十分重要的作用。辐照粒子与物质产生相互作用时,主要产生位移效应和电离效应(产生电子 - 空穴对)。对于石英光纤来说,因为SiO_2中Si和O的结合键是共价键,结合能较大,粒子辐照时,相对于位移效应,电离效应是辐照粒子与石英光纤相互作用的主要体现[35],导致光纤性能退化的主要表现为损耗增加。

伽马射线辐照光纤时,由于伽马射线是一种光子,其自身没有质量,所以,穿透能力比较强,大部分光纤都可以完全被击穿。伽马射线与材料发生相互作用产生三个主要效应:光电效应、康普顿效应和电离效应。

电子的静止质量为9.109 53 × 10^{-31} kg,因为质量比较小,所以,在电子与物质发生相互作用时,电子的运动方向改变较大,导致运动轨迹弥散程度较高[36]。但是,电子毕竟存在一定质量,在材料不同深度处,主要能量沉积存在差别[37]。如果辐照电子的能量高于 SiO_2 的原子错位能量阈值,则能够导致 SiO_2 中的 Si - O 键断裂产生电离现象,在其内部产生缺陷。辐照电子的能量越高,导致 SiO_2 中形成的缺陷浓度越大,其光学性能下降也越显著。Pfeffer利用分子轨道理论计算出的电子辐照 SiO_2 产生原子错位能量阈值,具体数值如表 1 - 2 所示[38]。

表 1 - 2　电子辐照 SiO_2 产生原子错位能量阈值[38]

错位元素	物质	错位能量阈值/keV
O	SiO_2	64
Si	SiO_2	197

因为石英保偏光纤的纤芯、包层和应力区的主要化学成分是 SiO_2,SiO_2 中 O 和 Si 的原子位错能量阈值分别为 64 keV 和 197 keV,所以,这两个能量参数可以为辐照时选择电子的能量提供参考。

质子的静止质量为1.672 648 × 10^{-27} kg,比电子质量大三个数量级,不同能量的质子辐照,射程不同,质子在材料中能量沉积符合布拉格分布[39]。因为光在光纤纤芯和包层交界面处传输遵守全反射定律,所以,在相同辐照注量情况下,不同能量的质子辐照对光纤纤芯的损伤程度必然存在差异,导致辐照诱导损耗也有所差异,例如:较低能量质子辐照时能量沉积达不到光纤纤芯位置,导致光纤不能产生辐照诱导损耗;较高能量质子辐照时能量沉积峰超过光纤纤芯位置,导致光纤辐照诱导损耗较低。

1.4　石英光纤在辐照环境下性能退化规律与机理研究现状

关于辐照导致光纤性能退化规律和损伤机理的研究工作,主要是考虑辐照剂量(或者注量)对光纤辐照诱导损耗的影响。国际上开始于20世纪70年代,国内的相关研究成果也有报道,只是在这方面的研究工作起步相对较晚,并且开展此类研究的机构较少。但是,随着光纤国产化进程的发展和光纤在航天领域的广泛应用,近年来,国内对光纤的辐照效应和损伤机理的研究工作逐渐增加。E. J. Friebele 等人[40]第一次全面地叙述了光纤辐照诱导损耗的影响因素,这些影响因素包括辐照试验条件的因素和光纤自身的因素,试验条件的因素包括总剂量、剂量率、温度、光源功率以及是否经过预辐照等,光纤自身的因素包括掺杂浓度和杂质类型。现有研究工作主要涉及光纤辐照诱导损耗的变化规律及其数学模拟，微观结构的研究方法主要是分析辐照前后损耗谱和 *EPR* 谱的变化，进而揭示辐照产生的缺陷类型。

1.4.1　石英光纤在辐照环境下性能退化规律

E. J. Friebele[40] 等人指出，掺 Ge 石英光纤具有比较优异的抗辐照特性。但是，对掺 Ge 石英光纤抗辐照特性强的物理机制没有阐述。另外，对光纤结构类型和生产工艺的影响未能讨论。因为光纤结构类型和生产工艺的差异，在辐照诱导损耗随辐照剂量的变化规律中必将表现出不同，所以，有必要研究光纤结构类型和生产工艺对其性能退化规律的影响以及造成性能差异的机理。另外，为了便于对比，E. J. Friebele 等人[41] 又联合美国空军研究所、海军实验室和英国皇家军事科学院等六大实力比较强的科研机构制定了相同的测试程序，即便如此，仍然没有进行损伤机理的讨论。

对中国电子科技集团第 46 研究所研制的“熊猫” 型石英保偏光纤进行伽马射线辐照试验，其工作波长为 1 310 nm，总剂量 D 分别为 32 Gy、63 Gy 和 326 Gy，相应的剂量率 $\dot{D}$ 分别为 0. 01 $\mathrm{Gy \cdot s^{-1}}$、0. 02 $\mathrm{Gy \cdot s^{-1}}$ 和 0. 083 5 $\mathrm{Gy \cdot s^{-1}}$，光纤的辐照诱导损耗随伽马射线剂量 $D(D = \dot{D} \cdot t)$ 的变化呈线性增长规律[42]。

掺 Er 光纤在一定伽马射线辐照剂量范围内，波长为 1 550 nm 的辐照诱导损耗随伽马射线剂量的变化呈线性关系[43]。多模光纤在一定剂量伽马射线辐照下，560 nm 波长处的辐照诱导损耗随伽马射线剂量的变化关系也呈现线性关系[44]。因为伽马射线辐照剂量较小，还没有使光纤的辐照诱导损耗达到饱和，所以文献[42][43] 和 [44] 未能全面和正确阐述光纤辐照诱导损耗随伽马射线剂量的变化规律。

中国长飞公司研制的 G. 652D 单模光纤和 PM1310 保偏光纤(“熊猫” 型石英保偏光纤) 伽马射线辐照效应研究发现，这两种类型光纤的辐照诱导损耗随伽马射线辐照剂量的变化均呈现幂指数变化规律，而且在相同剂量伽马射线辐照下，单模光纤的辐照诱导损耗比石英保偏光纤的辐照诱导损耗大，即在伽马射线辐照下，石英保偏光纤比单模光纤抗辐照能力强，因此，石英保偏光纤更加适合应用于空间环境中[45]。但是，文中未能明确阐述这两种光纤抗辐照特性存在差异的机理。

对于康宁公司生产的工作波长分别为 850 nm、1 310 nm 和 1 550 nm 的石英保偏光纤，辐照诱导损耗随能量为 63 MeV 的质子辐照剂量变化规律符合方程 $A(D) = cD^f$，其中 c 和 f 为常数，D 为质子剂量[46]。但是，文中选择质子能量单一，未能考虑不同能量质子辐照光纤导致其性能退化规律的差异，则不能全面反映光纤在空间辐照环境中性能退化的规律。虽然相同注量质子辐照光纤时，105 MeV 质子辐照比 50 MeV 质子辐照导致的辐照诱导损耗大，但是，未能明确指出具体的变化规律[47]。因为质子能量不同,导致光纤纤芯损伤程度有所差异,从而能够对性能退化规律产生影响。质子能量较低时,主要能量沉积可能达不到光纤纤芯位置,导致光纤不能产生辐照诱导损耗;质子能量较高时,主要能量沉积可能超过光纤纤芯位置,导致光纤辐照诱导损耗较低。所以,非常有必要根据光纤涂覆层、纤芯和包层直径,选择一系列能量的质子进行辐照研究。再者,空间环境中低能质子通量较大,不能只选择过高能量质子辐照。

能量为 16 MeV 的电子辐照光纤时,在 0 ~ 25 Mrad 范围内,光纤辐照诱导损耗随剂量的变化呈线性关系,在 25 ~ 191 Mrad 范围内则呈现对数关系[48]。能量为 10 MeV 的电子辐照,发现在 0 ~ 50 Mrad 剂量范围内,光纤在 1 550 nm 波长处的辐照诱导损耗随辐照剂量的变化呈线性关系[49]。这两篇文献选择的电子能量较为单一,虽然电子质量较小,但是仍然存在质量,所以必然存在主要能量沉积位置。在相同剂量辐照情况下,不同能量电子辐照,必然导致光纤辐照诱导损耗存在差异,所以讨论不同能量电子辐照对光纤性能退化规律的影响是非常必要的。在能量为 6 MeV、9 MeV 和 12 MeV 的电子分别辐照光纤时,辐照响应随着电子能量的增加而降低,剂量小于 4Gy 时,光纤的辐照响应均随剂量的变化呈线性关系[50]。光纤性能随辐照电子剂量变化的规律,在低剂量辐照情况下并不能被完全表征出来,只有在电子辐照剂量足够大时,光纤性能退化规律才能得到全面和系统的研究。对于细径光纤,上述报道选择电子能量过高。何况空间辐照环境中低能电子通量比高能量电子通量高几个数量级,所以,有必要讨论较低能量电子辐照对光纤性能的影响。

由此可见,不同光纤辐照诱导损耗与辐照剂量的变化规律存在差异,因此,有必要进一步研究国产石英保偏光纤辐照诱导损耗随辐照剂量变化的规律。

另外,光纤辐照诱导损耗也受辐照粒子剂量率的影响。虽然有的研究报道表明,当两个剂量率比值较小时,不同剂量率下的累计剂量与辐照诱导损耗的曲线基本重合,也就是说伽马射线辐照剂量率对光纤的辐照诱导损耗基本不存在影响[42]855,但是,对于工作波长为 628 nm、直径为 700 μm 的石英光纤,在相同剂量、剂量率相差 9 倍的伽马射线辐照下,与较大剂量率的伽马射线辐照导致光纤形成的辐照诱导损耗相比,较小剂量率的伽马射线辐照导致光纤形成的辐照诱导损耗较小[51]。所以,当剂量率相差比较大时,剂量率能够影响光纤性能退化规律。但是,剂量率对辐照诱导损耗的影响,文献[51]中未能阐述其根本原因。

还有,在相同剂量率和相同剂量伽马射线辐照下,光纤辐照诱导损耗随着光源功率的增加而降低[52]。光纤的辐照诱导损耗是辐照引起的缺陷浓度增加所导致,形成缺陷的同时,存在着光、热等恢复效应,且恢复效应与光纤中传输的光功率有关系,光功率越大,波长越短,恢复效果越明显[53]。工作波长为 850 nm 的相同长度的同种石英保偏光纤在受到相同剂量率和剂量的伽马射线辐照时,通光和不通光导致的辐照诱导损耗会相差 2 ~ 3 倍[54]。但是,光源功率对光纤辐照诱导损耗的影响,还缺乏对损伤机理的进一步阐述。

上述这些报道对影响光纤性能变化的损伤机理没有深入研究,而且多数研究工作集中在伽马射线和高能带电粒子辐照,有关低能带电粒子辐照研究未见报道。事实上,空间辐照环境中低能带电粒子注量较大,对光纤陀螺仪用石英保偏光纤受低能粒子辐照的研究更有实际应用价值。

1.4.2　石英光纤自身因素对辐照环境下性能退化规律的影响

不同厂家生产的光纤,即使均是石英光纤,辐照效应也有所差异,尤其是辐照诱导损耗饱和值和辐照诱导损耗随辐照剂量(或注量)增长速度的差异,这是生产工艺、掺杂情况以及光纤结构类型等差异导致的[55-57]。

刘德文等人[58]首先对国产"一"字型石英保偏光纤进行了辐照研究,研究结果表明,"一"字型石英保偏光纤辐照诱导损耗随着伽马射线辐照剂量的增加而增加,但是,只是提到这是缺陷增加导致的,未能指出影响工作波长为 1 310 nm 的辐照诱导损耗增加的具体缺陷类型。对于 Hitachi 公司和 Corning 公司应用相同工艺研制的石英保偏光纤,工作波长为 0.85 μm 和 1.3 μm 的辐照诱导损耗随伽马射线剂量的变化均呈线性关系,并且在相同工作波长和相同剂量伽马射线辐照下,因为生产细节的差异,Hitachi 公司生产的光纤辐照诱导损耗较小,体现了这种光纤相对抗辐照能力强[59]。但是,文中未能阐述这两种光纤产生抗辐照性能差异的机理。

工作波长均为 1 500 nm 的 Corning SMF - 28 光纤和 Alcatel 6900 光纤,生产工艺分别为外部气相沉积(OVD)和高级等离子体气相沉积(APVD),如图 1 - 3 所示,在累积剂量伽马射线辐照时,Alcatel 6900 光纤的辐照诱导损耗要比 Corning SMF - 28 光纤的辐照诱导损耗高一个数量级[60]。

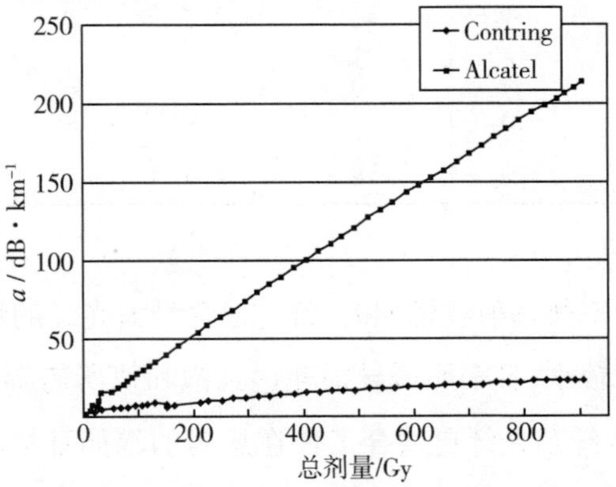

图 1 - 3　光纤辐照诱导损耗随伽马射线辐照剂量变化关系[60]

同为“熊猫”型石英保偏光纤,工作波长均为 1 310 nm,在相同剂量伽马射线辐照条件下,由等离子体化学气相沉积(PCVD)工艺制造的光纤辐照诱导损耗比改进的等离子气相沉积(MCVD)工艺制造的光纤辐照诱导损耗小[61]。以 500 m 长的国产“熊猫”型石英保偏光纤为研究对象,工作波长为 1 310 nm。经过总剂量为 200 Gy 的伽马射线辐照后,损耗由辐照前的 0.52 dB 升到 10.10 dB[62]。A. Caldero′n 等人[63]评价了三种商用光纤抗伽马射线辐照性能,通过研究结果的对比可知,Nufem 630 光纤抗辐照能力最强,3M – II FS – SC – 5624 光纤抗辐照能力最差。这些研究报道缺乏从微观角度加以分析,难以得出产生性能差异的机理。

由于光纤中掺入杂质不同,导致抗辐照特性存在差异。伽马射线辐照掺 N 和掺 F 以及纯石英光纤,研究发现掺 F“熊猫”型光纤抗辐照特性较强[64],而掺 N 光纤没有掺 Ge 光纤抗辐照特性强[65]。关于光纤经电子辐照后产生诱导损耗的研究表明,在 500 Gy 剂量范围内,掺 Ce 和 Nb 的两种光纤在 1 550 nm 波长处的衰减分别为 0.070 $dB.Gy^{-1}$ 和 0.045 $dB.Gy^{-1}$,说明掺 Nb 光纤相对抗辐照能力强[49]425。对于掺 P 光纤,在 560 nm 处的伽马射线辐照诱导损耗随着掺杂浓度的增加而增加,随着纤芯直径的增大而增大[44]1500。当电子辐照掺 Ge 光纤和掺 Al 光纤时,掺 Ge 光纤比掺 Al 光纤辐照响应灵敏度高 2% ~ 3%[50]425。对于稀土掺杂光纤,掺 Er 光纤要比掺 Yb 光纤对伽马射线辐照更加敏感[66],掺 Er 光纤的辐照诱导损耗随着伽马射线的剂量增加明显增长[67]。M. O. Zabezhailov[68]选择了三种掺 F 浓度不同、工作波长为 850 nm 的石英光纤进行伽马射线辐照,具体掺杂情况如表 1 – 3 所示。

表 1 – 3　光纤掺杂情况[68]

光纤组成		F 的质量分数/%	
纤芯	包层	纤芯	包层
SiO_2	SiO_2-F	/	4.00
SiO_2-F	SiO_2-F	1.60	5.60
SiO_2-F	SiO_2-F	2.80	5.60

当受到较大剂量率伽马射线辐照时,纤芯 F 含量大光纤的辐照诱导损耗随剂量率增加而增加的幅度较小,且辐照诱导损耗达到饱和值所需辐照剂量较大,由此可见,F 含量较大的石英纤芯光纤更适合工作在恶劣的辐照环境中(较高的总剂量辐照)。但是,这些研究报道缺乏从缺陷演化等微观角度加以阐述。

以上研究结果表明,关于不同生产工艺和掺杂的光纤辐照效应研究还需要进一步进行深入的机理分析。而且,与国际上常用的石英保偏光纤相比,由于国产石英保偏光纤的具体工艺流程、掺杂情况和应力区形状有着很大差异,这些因素的差异直接影响光纤的抗辐照性能,目前对国产石英保偏光纤的辐照效应和损伤机理研究得甚少,所以,国产石英保偏光纤的辐照效应及损伤机理更需要得到深入而广泛的研究。

1.4.3　石英光纤损伤机理研究

G. Origlio[69] 利用电子自旋顺磁共振(EPR) 技术研究了掺 Ge 光纤的 X 射线辐照效应,研究发现,光纤经辐照后出现了多种顺磁性缺陷,如 Ge 的 E′ 心、Ge(1) 和 Ge(2),其中 Ge(1) 缺陷与光纤的紫外吸收有关系,而且掺 Ge 的石英光纤抗 X 射线辐照特性还与包层掺杂有关。包层掺 F 的光纤更加适合工作在恶劣的辐照环境中[70]。研究结果表明,F 杂质能够抑制 240 nm 处与 Ge 有关的光吸收强度,所以,杂质 F 能够提高掺 Ge 石英光纤抗伽马射线的辐照能力[71]。但是,还缺乏掺入 F 浓度的最佳值以及影响 Ge 石英光纤抗辐照能力的机理讨论。高浓度 OH^- 石英光纤在 500 MeV 电子辐照下,在 350 ~ 800 nm 的辐照诱导损耗与涂覆层的有机物和应力区 F 杂质有关[72]。F 杂质能够有效地消除 Si－OH 杂质,提高工作波长在 950 nm、1 240 nm 和 1 390 nm 附近的光纤抗伽马射线辐照特性[68]1412。Cl 杂质的存在会使光纤中产生更多的非桥氧(non bridge oxygen,NBO) 缺陷,而且较弱的 Si－Cl 键在辐照后容易发生断键,从而导致抗辐照性能恶化[73]。通过分析质子和伽马射线辐照石英光纤后的损耗谱发现,辐照后在紫外波段形成新的缺陷包括 NBO、E'_γ 心、E'_β 心、$B_{2\beta}$ 和 $B_{2\alpha}$[74]。利用 EPR 分析方法,可以得出伽马射线辐照石英光纤能够产生 E′ 心和 NBO 缺陷[75]。伽马射线辐照石英光纤后,E'_γ 心浓度随着伽马射线剂量增加呈指数变化的规律[76]。X 射线辐照掺 F 光纤,在波长为 200 ~ 850 nm 范围内,通过光谱分析发现,辐照会导致氧空穴心(OHC) 缺陷的产生[87]。对于掺 Er 单模光纤,经电子辐照后,光纤辐照诱导损耗分别为产生断键的长波段吸收损耗和电离吸收的短波段损耗[78]。

而在对这些缺陷进行研究的过程中,光纤工作波长大多选择的是紫外和可见波段,本文研究的光纤工作波长为 1 310 nm,还需要确定影响 1 310 nm 处辐照诱导损耗的缺陷类型和演化规律。

石英光纤辐照后,在 1 390 nm 附近的损耗峰明显增强,即 Si－OH 缺陷浓度增加，这种杂质的形成和光纤涂覆层的有机物有关系[62]75036T-4。工作波长为 1 310 nm 的光纤受伽马射线辐照后，辐照诱导损耗增加是 Si - OH 杂质浓度的增加导致的，在 1 390 nm 波长处的吸收峰最强，对 1 310 nm 处的辐照诱导损耗影响最大[79]，从损耗谱中可以发现 Si - OH 杂质对工作波长为 1 310 nm 的光纤损耗的影响[80]。H_2 处理和单纯伽马射线辐照后发现，在 1 390 nm 附近出现的 Si - OH 缺陷与 NBO 缺陷的存在有关[63]812。

光纤被伽马射线辐照的过程中，随着辐照时间的增加，在 1 390 nm 附近的吸收峰强度随着辐照时间的增加而增强[81]。

经过分析以上研究结果发现，人们对辐照损伤机理的描述不够深入和具体，未能阐述缺陷的演化规律。缺乏结合光纤自身各部分材料，阐述各个部分产生的缺陷以及缺陷演化规律。对光纤的研究方法比较单一，关于辐照损伤机理的研究还可以借助其他研究方法，比如 X 射线光电子能谱（XPS）和傅里叶红外变换光谱（FTIR）等分析方法，这些分析方法可以更加方便和深入地阐述辐照导致光纤不同部位中产生缺陷的类型，进一步讨论缺陷分布和演化规律。

1.4.4 石英光纤辐照诱导损耗变化数学模型

关于辐照诱导损耗随辐照量的变化规律，可以在试验数据的基础上，借助一定的理论，得出辐照诱导损耗变化的数学模型。辐照诱导损耗数学模型，存在多种形式，其中有的研究人员用含有 e 指数形式的两个方程来描述辐照诱导损耗随辐照剂量的变化关系，第一种形式方程包含一个随着剂量的增加而出现的线性关系[82]：

$$A(D) = a(1 - e^{-bD}) + cD \tag{1-4}$$

但是，这个公式没有考虑辐照剂量率的影响。第二种形式方程不包括长期的线性增长，讨论了剂量率对辐照诱导损耗的影响，方程为：

$$A(D) = \frac{a}{b}\dot{D}(1 - e^{-bD/\dot{D}}) \tag{1-5}$$

第二种形式的方程也可以通过一阶（$n = 1$）反应动力学方程得出[83]，即：

$$\frac{dA}{dt} = a\dot{D} - bA^n \tag{1-6}$$

在这种情况下，总衰减行为表现为包含 e 指数的综合结果，D. L. Griscom 等人在试验中观察到了这种现象[84,85]。方程（1 - 5）和（1 - 6）考虑到了剂量率对辐照诱导损耗的影响，但是这两个方程是否适用于研究国产石英保偏光纤辐照诱导损耗随辐照剂量的变化规律,还需结合试验数据做进一步验证,必要时需对方程做些适当修正。

另外,还有幂指数模型,这个模型的辐照诱导损耗由以下方程决定[86]:

$$A(D) = cD^f \tag{1-7}$$

其中,常数 c 和 f 通过试验测得。工作波长为850 nm和1 310 nm的石英光纤经伽马射线辐照后,其辐照诱导损耗与伽马射线剂量变化呈幂指数规律。如果考虑剂量率 $\dot{D}$ 对辐照诱导损耗的影响,整个辐照过程的辐照诱导损耗和剂量率的关系为:

$$A(D) = cD^f = c_0\dot{D}^{(1-f)/n}D^f \tag{1-8}$$

动力学系数 n 通常取1或2;此外,动力学系数 n 也可以取3 ~ 10,同时,$f < 1$。但是,这个方程描述辐照诱导损耗变化规律时,存在剂量范围限制,而且不同掺杂的光纤适用范围不同,例如纯 SiO_2 纤芯光纤在0.01 ~ 10 krad剂量范围内适用,而掺Ge纤芯光纤则在0.01 ~ 100 krad范围内适用[85]525。由此可见,幂指数模型自身存在局限性,不能够在整个辐照剂量范围内表征辐照诱导损耗的变化规律。

另外,也有根据试验数据得出分段模型的研究结果:对于中等偏低剂量伽马射线辐照而言,辐照诱导损耗随总剂量的增加而呈线性增加;对于较高剂量的伽马射线辐照,辐照诱导损耗与剂量呈幂指数变化关系;而在更高剂量下,随着总剂量的增加,辐照诱导损耗不变,为常数。光纤辐照诱导损耗与辐照剂量之间的近似关系如下[87]:

$$a_D = aD, \quad D < 200rad \tag{1-9}$$

$$a_D = kD^b, \quad 200radD < 10^5\ rad \tag{1-10}$$

$$a_D = c, \quad D > 10^5 rad \tag{1-11}$$

式中　a_D—— 辐照诱导损耗;

D—— 伽马射线辐照剂量。

a、b、k、c 为常数,均大于零,与光纤的类型、掺杂成分等有关。在数学模型(1 - 4) - (1 - 11)中,并未指出常数项的确切物理意义,模型描述的只是根据试验数据得出的经验数值。

石英光纤中的 SiO_2 由熔融制造而成,呈无规则网状结构。与晶体状态 SiO_2 不同,石英光纤在制造的过程中,会在 SiO_2 中形成中间体、悬挂键等诸多缺陷。在辐照条件下,由于 SiO_2 中的固有缺陷捕获电子或空穴,形成新的缺陷,这必将影响石英光纤的物理性质,尤其是光学性质。在辐照过程中,在 SiO_2 中存在一系列固有缺陷,还存在新缺陷的形成过程和新缺陷的湮灭过程,这两个过程在辐照的过程中同时产生,并且相互竞争。P. W. Levy 等人[88,89] 提出了利用一个简单的唯象辐照动力学方程来描述材料光学性能变化规律,如果缺陷的初始量被假定为0($N_i = 0$),下面的方程可以全面的描述类型为 i 的缺陷产生和湮灭的竞争过程[90]:

$$N_i(t) = \frac{F_i}{F_i + R_i + U_i}\{[P_{i0} - K_i/(F_i + R_i + U_i)] \times (1 - e - (F_i + R_i + U_i)t) + K_i t\} \tag{1-12}$$

式中 t—— 辐照时间;

F_i—— 先驱缺陷转变到给定类型缺陷的改变系数;

R_i—— 辐照缺陷的消失系数;

U_i—— 缺陷的热消退系数;

P_{i0}—— 辐照前的先驱缺陷浓度;

K_i—— 辐照产生缺陷的系数。

在这里,F_i、K_i 和 R_i 都是剂量率的线性函数。U_i 遵从 Arrhenius 关系,温度越高,U_i 数值越大。因为石英光纤辐照诱导损耗的形成主要是辐照缺陷对光的吸收导致,所以,方程(1 - 12) 也可以用来描述石英辐照诱导损耗变化规律。对于光纤来说,其辐照诱导损耗会随着温度升高而降低。但是,并不是所有的光纤辐照诱导损耗都会随着温度的升高而降低,E. J. Friebele 等人指出:唯一的例外是掺 P 光纤,其辐照诱导损耗随着温度的升高而升高[82]180。光纤辐照诱导损耗与辐照缺陷浓度成正比,缺陷浓度随辐照剂量 D 的变化也可以表示为[91]:

$$n(t) = \frac{p_D N}{p_D + p_C}\{[1 - \exp[-(p_D + p_C)D\} \tag{1-13}$$

式中 p_D—— 先驱缺陷转变到色心的改变系数;

N—— 辐照前的先驱缺陷浓度;

p_C—— 色心转变到先驱缺陷的改变系数。

以上研究总结了不同形式辐照诱导损耗变化的数学模型,但是光纤辐照诱导损耗的变化规律与生产工艺、掺杂有很大关系。这些模型,存在着不同形式的性能退化规律,因为现有报道中研究的光纤生产工艺、结构和掺杂与国产石英保偏光纤有着明显差异,所以并不完全适合用来评价国产石英保偏光纤的在轨运行。为了进一步研究辐照导致国产石英保偏光纤的性能退化规律,预测其在空间辐照环境中的性能下降程度,还需要进一步研究适合国产石英保偏光纤辐照诱导损耗变化的数学模型。

1.5　本书的研究目的和内容

综上所述，辐照导致在石英光纤中形成缺陷，从而使辐照诱导损耗增加。国内外对光纤的辐照效应、损伤机理和性能退化数学模型做了大量的研究工作，但是，仍然存在以下几点不足：

(1) 由于空间环境中的辐照粒子主要是电子和质子，而目前国内外的工作大部分致力于伽马射线的辐照效应研究，所以，目前已有的研究工作并不能够完全正确地模拟空间辐照环境中光纤的性能退化规律。

(2) 虽然有一小部分研究工作涉及了电子和质子对光纤的辐照，但是多集中于高能带电粒子辐照。在空间辐照环境中，高能带电粒子通量远低于低能带电粒子；对于低能电子和质子辐照的研究未见报道，并且缺乏带电粒子在光纤中不同部位的能量损失分布。不同能量带电粒子辐照光纤导致的性能退化规律可能存在差异，选择不同能量带电粒子辐照，可以方便地根据带电粒子在光纤中的射程来研究辐照损伤机理和性能退化规律。

(3) 现有关于损伤机理的研究方法较为单一，对光纤各个部位缺陷产生和演化规律的研究不够深入，而且对导致工作波长为 1 310 nm 的石英保偏光纤辐照诱导损耗升高的缺陷形成机理及缺陷演化过程还有待进一步研究。

(4)“一”字型石英保偏光纤是一种新结构类型的石英保偏光纤，国产“熊猫”型石英保偏光纤的生产工艺、掺杂和结构的细节部分也与国际上同类光纤有所区别。目前，对于这两种光纤的带电粒子辐照研究未见报道，伽马射线辐照这两种石英保偏光纤的性能退化规律还没有得到深入而广泛的研究，而且也缺乏对损伤机理的研究。

(5) 光纤辐照诱导损耗变化的数学模型主要是考虑了伽马射线的剂量因素，对剂量率的影响较少讨论，关于辐照诱导损耗变化规律的研究工作也未能从模型参数的角度得到讨论，目前的工作还缺乏质子和电子辐照光纤导致性能退化的数学模型研究；并且，对描述国产石英保偏光纤性能退化的数学模型未见报道。

石英保偏光纤是光纤陀螺仪中的关键部件之一，其性能退化直接影响光纤陀螺仪的定位和导航精度。对国产石英保偏光纤辐照效应、损伤机理以及辐照诱导损耗变化的数学模型研究，具有重要的科学意义和工程应用价值。本书以国产“熊猫”型和“一”字型石英保偏光纤为研究对象,系统研究在不同辐照条件下的石英保偏光纤性能退化规律,通过深入分析和讨论损伤机理,建立适合这两种保偏光纤辐照诱导损耗变化的数学模型,探索不同石英保偏光纤抗辐照性能差异的机理,为国产石英保偏光纤在轨运行的可靠性评价提供数据支持,对于新型抗辐照石英保偏光纤的研制有一定的理论参考价值。具体的研究内容包括以下几点:

(1) 研究在不同剂量率伽马射线、不同能量电子和质子辐照条件下两种国产石英保偏光纤的辐照效应,揭示其辐照诱导损耗变化规律。

(2) 利用 EPR、XPS、损耗谱和 FTIR 等分析方法,阐述光纤各个部位缺陷的形成机制和演化过程,并模拟计算不同能量带电粒子在光纤中的能量损失分布,揭示石英保偏光纤的辐照损伤机理,探讨导致“熊猫”型与“一”字型石英保偏光纤抗辐照性能差异的机制。

(3) 在研究石英光纤辐照缺陷形成机理的基础上,通过数学建模方法,建立适合两种国产石英保偏光纤辐照诱导损耗变化的数学模型,揭示辐照粒子能量和剂量率对辐照诱导损耗变化规律的影响,确定各个模型参数的物理意义,探讨模型参数对辐照诱导损耗变化的影响机制。

第 2 章

试验样品、设备及研究方法

2.1　试验样品

试验样品包括“熊猫”型和“一”字型两种国产石英保偏光纤，以及构成这两种石英保偏光纤主要材料的石英玻璃和聚丙烯酸甲脂（简称 PMMA），为了模拟辐照石英保偏光纤的真实情况，还制备了涂上 PMMA 的石英玻璃。

2.1.1　石英保偏光纤

针对我国光纤陀螺仪用石英保偏光纤在空间技术中应用的需要，本书以“熊猫”型和“一”字型石英保偏光纤为研究对象，这两种石英保偏光纤分别由武汉长飞光纤光缆公司和江苏法尔胜光子有限公司提供，工作波长均为 1 310 nm。

“熊猫”型石英保偏光纤结构如图 2－1 所示，其结构包括纤芯（掺 Ge 和 F 的 SiO_2）、应力区（掺 Ge 和 F 的 SiO_2）、包层（掺 F 的 SiO_2）和涂覆层（PMMA）四部分，明显的结构特征是应力区为以纤芯为中心形成对称的两个“熊猫眼”，光纤类型名称正是由此而来。这种光纤利用 PCVD 工艺制造而成，具有折射率分布精确、截面几何对称性好、纵向均匀性好、光学性能优异和工作温度范围广（－50 ～ 85℃）等优点。

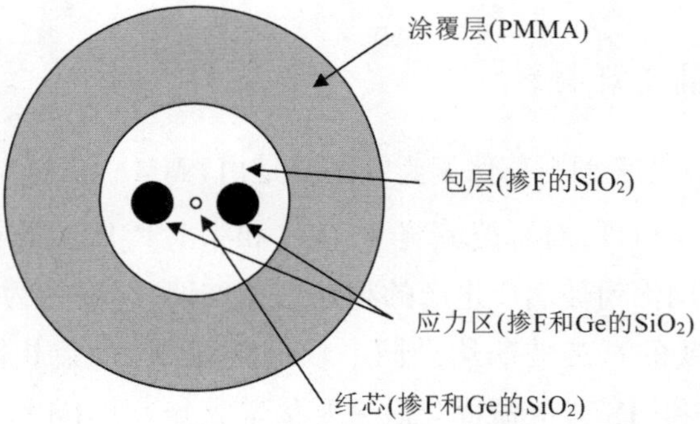

图 2－1　“熊猫”型石英保偏光纤结构示意图

“一”字型石英保偏光纤结构如图 2－2 所示，结构分别为纤芯（掺 Ge 的 SiO_2）、应力区（掺 B 的 SiO_2）、包层（SiO_2）和涂覆层（PMMA）四部分，明显的结构特征是应力区形状为“一”字长条形，因此被称作“一”字型。这种光纤应用 MCVD 工艺制造，具有应力区小、保偏性能良好、耐弯曲和机械强度高等优点。

“熊猫”型石英保偏光纤和“一”字型石英保偏光纤的原始参数如表 2－1 所示，所有相同类型的光纤均是同一根光纤截取，参数相同。在辐照过程中，如果带电粒子能量确定，影响粒子在光纤中入射深度的主要参数是包层直径和涂覆层直

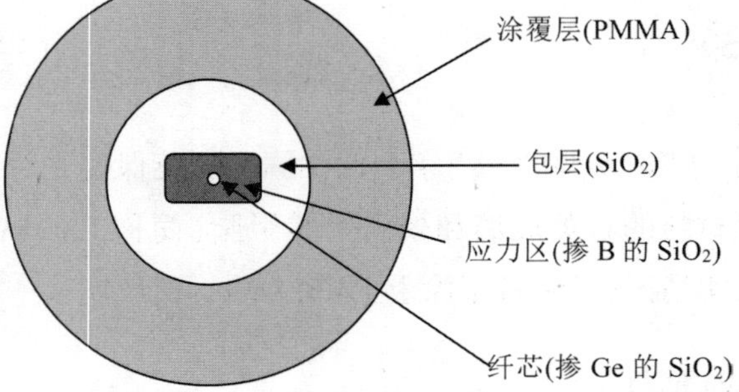

图 2-2 "一"字型石英保偏光纤结构示意图

径。在设定试验参数时要考虑带电粒子的穿透深度，即主要能量沉积能否到达光纤纤芯部位，这是决定能否产生辐照诱导损耗、辐照诱导损耗饱和值大小和辐照诱导损耗达到饱和值所需辐照注量大小的关键参数。

表 2-1 试验用光纤的基本参数

光纤类型	衰减系数 / $dB \cdot km^{-1}$	包层直径 / μm	涂覆层直径 / μm	纤芯直径 / μm
"熊猫"	0.426	80	160	< 10
"一"字	0.850	80	160	< 10

2.1.2 石英保偏光纤材料

"熊猫"型和"一"字型石英保偏光纤主要是由 PMMA 和 SiO_2 构成，为了进一步研究光纤的辐照损伤机理，对石英玻璃、PMMA 和涂上 PMMA 的石英玻璃进行辐照研究。石英玻璃选用锦州玻璃厂生产的超纯石英玻璃，纯度约为 99.999%，化学成分为 SiO_2，所有涉及的石英玻璃均是同一块玻璃切割，参数相同；涂覆层材料由 Desolite 公司生产，利用紫外光源固化后主要化学成分为 PMMA。所有 PMMA 试验样品均是同一瓶中的，固化前成分等参数相同，由紫外灯同时固化，试验参数相同，光源的中心波长为 365 nm，平均功率为 15 W；PMMA 通过紫外灯固化后形成平板形状，厚度均为 1 mm。所以，在固化后，PMMA 参数相同；PMMA 均匀涂覆在石英玻璃上，PMMA 厚度均为 0.5 mm。

2.2 辐照设备与试验方法

为了系统研究石英保偏光纤在辐照环境下的性能退化规律和损伤机理，选择电子、质子和伽马射线为辐照源，制定合适的辐照方案，借助一系列微观分析方法研究损伤机理。

2.2.1　辐照设备

在对航天用器件和材料的空间轨道辐照环境适用性进行评价时,虽然最能真实反映实际情况的是在航天器上直接搭载,但是,不仅一般航天器总的费用高昂,而且航天器在轨飞行周期较长。相对而言,进行地面辐照模拟试验比较经济,而且可以通过增大辐照束流密度(或剂量率),高效率的完成抗辐照评价研究。另外,航天器直接搭载时反映空间环境综合效应,而在进行地面辐照模拟试验过程中,可以单独和分别利用各种粒子进行辐照,能够方便、深入探索损伤机理,得出导致材料和器件性能下降的主要辐照粒子类型。

在进行地面辐照模拟试验时,比较常用的是以Co^{60}作为放射源的伽马射线,可以比较方便的模拟材料和器件的辐照损伤效应。一般情况下,剂量率$\dot{D}$比较稳定,根据样品与辐照源的距离预先设定好剂量率$\dot{D}$,结合所需剂量D设定相应的辐照时间t,由此可以准确的确定试验总剂量D,而且可以方便地进行低剂量辐照。伽马射线辐照试验是在北京大学钴源实验室进行,以Co^{60}作为放射源的伽马射线平均能量为1.22 MeV,由于其穿透能力较强,在空气环境下可以直接进行辐照试验,因此,辐照室空间比较大,方便线路的引入和引出,可以对光纤性能变化规律进行原位测量。

然而,在真实的航天器运行轨道环境中,空间辐照粒子以电子和质子为主。为了正确评价石英保偏光纤在轨服役行为,必须考虑电子和质子两种辐照源的辐照损伤。电子辐照材料时,虽然轨迹比较弥散,但是由于存在主要的能量沉积分布,因此可以通过调节入射电子能量大小,使辐照电子主要能量沉积在光纤的不同部位。虽然较低能量质子(170 keV)主要能量沉积在深度比较浅的位置,但是也能够对光纤涂覆层的有机物造成损伤,以此研究光纤涂覆层损伤对光纤辐照诱导损耗的影响有重要意义。能量为50 keV和160 keV电子辐照试验以及较低能量(170 keV)质子辐照试验,均利用哈尔滨工业大学空间环境材料行为及评价技术重点实验室的"КИФК"型空间综合辐照模拟设备。利用这套设备进行辐照试验需要在真空环境下进行,真空度高达10^{-5}Pa。在辐照试验中,由于真空环境和辐照腔尺寸的限制,原位测量时只能把光信号转换成电信号由辐照腔引出。高能电子辐照试验利用黑龙江省科学院技术物理研究所的ELV-8型电子加速器,本书选择辐照电子能量为1 MeV。因为高能电子辐照试验是在空气中进行,而且电子束斑面积比较大(144 cm^2),可以直接引出线路,方便原位测量光纤性能。由于较高能量质子辐照光纤时,其穿透深度比较大,所以,可以利用这个特点来研究质子辐照主要能量沉积达到或者超过光纤纤芯位置时对光纤性能的影响。高能质子辐照试验使用北京大学重离子研究所的 $EN2 \times 6$ 型串联静电加速器,选择辐照质子能量分别为 2 MeV、3.5 MeV、5 MeV 和 10 MeV。使用这套设备进行辐照试验时,辐照粒子能量比较高,对光纤的涂覆层、应力区和纤芯各个部位均可造成损伤,与低能质子辐照结果作对比,从而进一步研究辐照时光纤产生辐照诱导损耗的损伤机理。由于辐照粒子类型和辐照设备的限制,电子、质子和伽马射线辐照源的优缺点如表 2-2 所示。

表 2-2　电子、质子和伽马射线辐照优点和缺点的对比

辐照源	优点	缺点
伽马射线	测量方便,没有真空限制,器件尺寸和形状不受限制,剂量率稳定	不能够真实模拟空间辐照环境,能量单一
高能质子（2、3.5、5 和 10 MeV）	能够正确模拟空间环境辐照瞬态效应,穿透深度比较深	需要真空环境,器件尺寸和形状受限制,测量不方便,穿透材料深度受能量影响严重
低能质子（170 keV）	能够正确模拟空间环境辐照瞬态效应,束流密度稳定	需要真空环境,器件尺寸和形状受限制,测量不方便,能量较低,穿透试验样品深度比较浅
高能电子（1 MeV）	能够正确模拟空间环境辐照瞬态效应,器件尺寸和形状受限制小,没有真空限制,测量方便	束流密度不稳定,能量单一
低能电子（50 和 160 keV）	能够正确模拟空间环境辐照瞬态效应,束流密度稳定	需真空环境,器件尺寸受限制,测量不方便

2.2.2　辐照方案

本书主要系统研究我国研制的石英保偏光纤辐照诱导缺陷的演化过程和性能变化规律,揭示其辐照损伤机理。为了进一步探索石英保偏光纤性能退化的损伤机制,对石英玻璃、PMMA 材料和涂上 PMMA 的石英玻璃进行辐照,进一步研究辐照前后缺陷的演化规律。

基于上述的试验目的,分别对“一”字型石英保偏光纤、“熊猫”型石英保偏光纤、PMMA、石英玻璃以及涂上 PMMA 的石英玻璃进行辐照试验,对于石英保偏光纤和石英保偏光纤材料进行试验的辐照源种类和能量参数如表 2-3 和表 2-4 所示。其中 160 keV 和 50 keV 电子束流密度在 $0.03 \sim 0.3\ \mu A \cdot cm^{-2}$ 之间,1 MeV 电子束流密度范围在 $0.3 \sim 2-3\ \mu A \cdot cm^{-2}$ 之间,170 keV、2 MeV、3.5 MeV、5 MeV 和 10 MeV 质子束流密度范围是 $3 \sim 30\ nA \cdot cm^{-2}$,伽马射线剂量率范围是 $670 \sim 43\,200\ rad \cdot h^{-1}$。

表 2－3　石英保偏光纤和石英保偏光纤材料带电粒子辐照参数

辐照对象	辐照源	能量 / MeV	注量 /cm^{-2}
“熊猫”型	电子	0.05	1.00×10^{16}
		0.16	7.00×10^{15}
			7.46×10^{14}
		1.00	1.63×10^{16}
	质子	0.17	5.00×10^{13}
		2.00	5.00×10^{13}
		3.50	2.29×10^{13}
			2.30×10^{13}
		5.00	2.50×10^{13}
			5.00×10^{13}
		10.00	2.50×10^{13}
			5.00×10^{13}
“一”字型	电子	0.05	1.00×10^{16}
		0.16	4.62×10^{14}
			3.83×10^{13}
		1.00	1.07×10^{15}
	质子	0.17	6.00×10^{12}
		2.00	6.00×10^{12}
		3.50	3.00×10^{12}
		5.00	3.00×10^{12}
		10.00	3.00×10^{12}
石英玻璃	电子	0.16	1.00×10^{16}
	质子	0.17	1.00×10^{16}
PMMA	电子	0.16	1.00×10^{16}
涂上 PMMA 的石英玻璃	电子	0.16	1.00×10^{15}
			2.00×10^{15}
			2.00×10^{16}

表 2－4　石英保偏光纤和石英保偏光纤材料伽马射线辐照参数

辐照对象	剂量率 /rad · h^{-}	剂量 /rad
石英保偏光纤	670	2.22×10^{5}
	4270	9.74×10^{5}
石英玻璃、PMMA 和涂上 PMMA 的石英玻璃	43 200	4.32×10^{6}

2.2.3 测量和分析设备及方法

光纤在辐照条件下性能退化参数主要是辐照诱导损耗，所以，在研究光纤性能方面主要测量光纤的辐照诱导损耗。为了研究石英保偏光纤的损伤机理，利用EPR、XPS、损耗谱和 FTIR 等分析方法，为了进一步讨论损伤机理，还需要测量石英玻璃、PMMA 和涂上 PMMA 的石英玻璃辐照前后的透过率变化情况。

(1) 辐照诱导损耗测量设备及方法：衰减系数是衡量光纤性能的重要参数，表征光纤对光信号吸收程度。辐照时，研究光纤衰减系数增加量，即辐照诱导损耗，每根光纤长度为 100 m，利用以下公式计算出辐照诱导损耗：

$$\alpha = -\frac{1}{L}10\log\frac{P_1}{P_2} \tag{2-1}$$

式中 α—— 辐照诱导损耗；

L—— 光纤长度；

P_1—— 辐照前功率；

P_2—— 辐照瞬时功率。

使用天津峻烽科技（OPEAK）有限公司生产的 1 310 nm/1 550 nm 半导体发光二极管（简称 LED）宽带光源作为进行伽马射线辐照测量时的光源，其型号为 null43，选择 1 310 nm 通道；使用加拿大 EXFO 公司生产的 IQS - 1613 模块高速探测器，其类型为 InGaAs，波长范围是 800 ~ 1 700 nnm，精度 ± 5%，功率分辨率 0.001 μW，波长分辨率为 0.01 nm。计算机瞬时采集光纤功率变化，利用方程 (2 - 1) 计算出光纤的辐照诱导损耗，辐照和测试装置如图 2 - 3 所示。

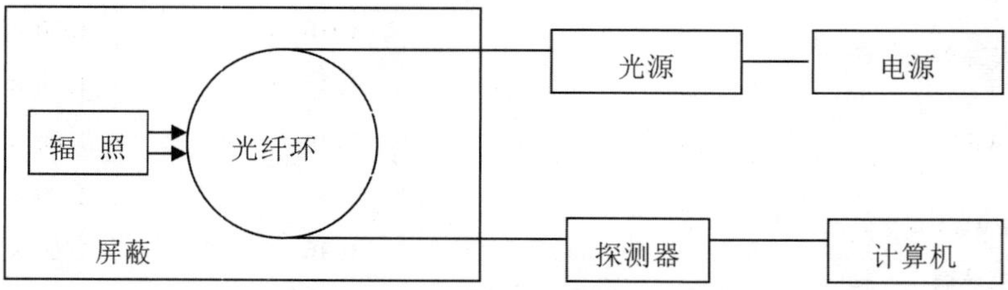

图 2 - 3 辐照和测试装置示意图

在进行电子辐照和质子辐照试验时，原位测量使用的光源和探测器为武汉迅驰公司生产的超辐射发光二极管（简称 SLED）光源和 PIN 探测器。利用探测器测量光电压、光功率转化公式为：

$$P = \frac{V - V_0}{R \times 1\ 000} \tag{2-2}$$

式中 P—— 光功率；

V—— 光电压；

V_0—— 探测器零位电压；

R—— 探测器响应度。

利用公式(2－2)计算出光功率 P，再利用公式(2－1)计算出光纤的辐照诱导损耗。原位通光测量时光源一直打开，离线不通光测量时只在某些剂量(或注量)时开通光源。

(2)损耗谱分析设备及方法：光纤损耗谱分析是测量一定波段范围内的光波在光纤中的传输特性，其数据能够显示出各个波长处的损耗值，呈现出一系列的吸收峰，在吸收峰位置损耗较大，说明在此波长处光纤对光波吸收程度比较严重，能够表征某种缺陷的存在。光纤辐照前后的损耗峰存在吸收峰数量或者峰值和峰宽的差异，表明辐照因素导致光纤中缺陷的种类或浓度发生变化。

光纤辐照前后损耗谱的分析是利用加拿大 EXFO 公司生产的全波段光纤光谱分析仪，型号为 IQS－12008，选择波长范围大小为 1 100 ~ 1 600 nm，波长精度：扫描模式 ±22 pm，静态 ±22 pm。辐照前后光纤损耗谱是在空气和室温环境下测量，光纤长度为 100 m，两端分别接入仪器中的光源和探测器。

(3)光学透过率分析设备及方法：光学透过率是光学材料性能指标中非常重要的一项，它有多种表示方式，各种方式之间有着内在的联系。吸收光谱法也称为分光光度法，是研究光学材料最早采用的试验方法之一，也是迄今为止最基本和最重要的研究方法。物质在一定波段对光线的吸收是结构电子跃迁引起的，如果物质中存在某种缺陷，就会对入射光线产生选择吸收，形成特有的吸收带。因此，根据对物质吸收光谱的分析，可得到大量有关缺陷的信息。吸收光谱法正是基于上述原理，利用分光光度计测量片状材料透过率，通过分析不同波长处的透过率，可以得到材料被辐照前后具体缺陷变化情况[92]。

光学透过率的测量利用 Perkin－Elmer 公司研制的 Lambda950 型 UV/VIS/NIR 分光光度计，在空气和室温条件下对试验样品的透过率进行测量，该仪器的测光准确度为 ±0.3%T，扫描速度大小为 480 $nm.min^{-1}$，测量狭缝宽度为 2 mm，测量波长范围为 900 ~ 2 800 nm，波长重复精度为 0.1 nm。本书分别测量石英玻璃、PMMA 和涂覆上 PMMA 的石英玻璃在辐照前后透过率的变化，分析影响光透过率的缺陷类型。

(4)XPS 分析设备及方法：XPS 也称为化学分析用电子能谱(简称为 ESCA)，是现代表面分析应用最广泛的方法之一。它是以 X 射线为激发源，通过光电离作用，将原子或分子内层电子激发，根据各个元素结合能数据，可以分析材料的化学成分和化学状态。XPS 的测量原理是建立在爱因斯坦光电发射方程基础上，光电子动

能 E_k 的表达式为：

$$E_k = hv - E_b \tag{2-3}$$

式中 h—— 普朗克常数；

v—— 入射光子的频率；

E_b—— 电子结合能。

靶源材料确定时，hv 大小是固定的，E_k 可以使用能量探测器测量出来，由此可以得出电子结合能 E_b。对于同一种元素的原子，不同能级上电子的结合能是不同的，所以入射光子能量相同时，同一种元素会有不同能量的光电子，在能谱图上就表现出一系列谱峰。一系列谱峰中强度最大的峰为主峰，所以容易识别，一般情况下用主峰来分析。因为不同元素主峰的能量值不同，所以利用能量分析器分析光电子动能，就可以很方便地进行表面分析。因为材料辐照后产生了新的缺陷，有些元素的结合能必然发生变化，所以，可以应用 XPS 方法来分析材料在辐照前后的缺陷变化情况[93]。

本书进行XPS分析时，采用美国Perkin－Elmer公司研制的PHI5700型XPS谱仪，其X射线源为Al的 K_α 线（1486.6eV），能量分辨率为0.5eV，灵敏度为350 kcps，分析室真空度大小为 6.7×10^{-7}Pa，工作电压是12 500 V，工作功率是250 W。利用半球型超精密电子能量分析器，固定通过能量模式采集数据。进行 XPS 分析试验的时候，将光纤涂覆层剥除，沿垂直轴向切断，光纤端面与样品台平面方向平行。信息探测面边长大小可达到400 μm，远大于本书试验使用的石英保偏光纤被剥除涂覆层后的直径（80 μm），能够满足试验要求。

（5）EPR 分析设备及方法：EPR 又被称为电子自旋共振（简称 ESR），可以被用来检测和研究含有未成对电子物质的顺磁特性。材料被辐照后，顺磁特性会发生改变，所以，利用 EPR 技术分析材料被辐照前后的顺磁特性，得出辐照前后的缺陷变化情况，可以阐述辐照损伤机理[94-96]。根据电磁学理论，顺磁性物质中的未成对电子处在磁场中的时候，产生能级分裂，分裂成的能级与原来的能级差值 ΔE 为：

$$\Delta E = Mg\mu_0\mu_B H \tag{2-4}$$

式中 M—— 磁量子数；

g—— 朗德因子；

μ_0—— 真空磁导率；

μ_B—— 玻尔磁子；

H—— 磁场强度。

在垂直于磁场 H 的方向加上频率为 v 的电磁波，如果满足以下条件：

$$hv = g\mu_0\mu_B H \tag{2-5}$$

那么,处在上下两能级的电子发生受激跃迁,其结果是有一部分低能级中的电子吸收电磁波能量跃迁到高能级中,即为电子顺磁共振现象,上式也称为 EPR 共振条件。由上式可知,只要 v 和 H 大小满足方程(2 - 5),就可以实现电子顺磁共振现象。但是受到实际技术条件的限制,目前的仪器只有几个波段,其中最常用的是 X 波段的 EPR 仪。根据共振条件,可以用两种方式产生电子顺磁共振现象:固定电磁波频率 v 改变磁场强度 H,这种方式称为扫场法;另外一种是固定磁场强度 H 改变电磁波频率 v,被称扫频法。在技术上比较容易均匀地、连续地、精细地改变磁场。因此,通常的 EPR 仪采用扫场法来进行电子顺磁共振实验的。受激跃迁产生的吸收信号经电子学系统处理可得到 EPR 吸收谱线,EPR 波谱仪记录的吸收信号一般是一次微分线型,或称为一次微分谱线,也可以借助仪器自带软件转化为积分谱线。

本书在进行 EPR 试验的过程中,使用德国 Bruke 公司研制的 X 波段 A200 型 EPR 波谱仪对样品进行测量分析。调制幅度为 1 G,磁场强度范围在 1 000 ~ 9 000 Gass 之间,调制频率大小为 100 kHz,微波频率大小为 9. 85 GHz,微波功率大小均为 19 mW。EPR 分析时,光纤剥除涂覆层材料,截取的长度均是 5 cm,每次三根放入顺磁管底部,以保证分析试验所得结果与样品质量、体积和所处磁场强度无关。

(6) FRIR 分析设备及方法:FTIR 是第三代红外光谱仪,具有光通量大、速度快和灵敏度高等一系列优点。利用迈克尔逊干涉仪原理,使两束有一定光程差的复色红外光产生相互干涉再与样品作用。由于动镜不断运动,使两束光线的光程差随动镜移动距离的不同,呈现周期性变化。因此,在检测器上所接收到的信号是以 λ/2 为周期变化。当不同波长(或波数) 的红外辐射依次照射到样品时,由于某些波长的辐射能被样品选择吸收而减弱,于是形成红外吸收光谱。分子的运动可分为平动、转动、振动和分子内电子的运动。每种运动状态都属于一定的能级。因此,分子的总能量 E 可以表示为:

$$E = E_0 + E_t + E_r + E_V + E_e \tag{2-6}$$

式中　E_0—— 分子内在的能量;

E_t—— 分子的平动能量;

E_r—— 分子的转动能量;

E_V—— 分子的振动能量;

E_e—— 电子运动的能量。

其中,E_0 不随分子运动而改变,即所谓的零点能。由于分子的平动能量 E_t 只和温度的变化直接相关,在移动时不会产生光谱。这样,与光谱有关的能量主要是 E_r、E_V 和 E_e 三种,而且每一种能量也都是量子化的。电子的能级间隔最大,从基态到激发态的能级间隔为 $E_e = (1 \sim 20)\mathrm{eV}$,分子振动能级间隔为 $E_V = (0.05 \sim$

1.0)eV,分子转动能级间隔为 $E_r=(0.001\sim0.05)$eV。电子跃迁所吸收的辐射是在可见光和紫外光区,分子转动能级跃迁所吸收的辐射是在远红外与微波区。分子的振动能级跃迁所吸收的辐射主要是在中红外区,绝大多数有机化合物和无机化合物分子的振动能级跃迁引起的吸收均出现在这个区域。通常所说的红外光谱就是指中红外区域形成的光谱,故也叫振动光谱,它在结构分析和组成分析中非常重要。所以,利用FTIR可以研究分子的结构、化学键、键长和键角等,并由此推测分子的立体构型。材料被辐照后,化学结构发生变化,可以利用 FTIR 进行表征,来研究辐照前后材料的缺陷类型和演化规律[97,98]。

本书研究石英保偏光纤及其材料辐照前后 FTIR 谱变化情况,使用 BRUKER 公司研制的型号为 VECTOR22 的 FTIR 光谱仪,分辨步长大小为 2 cm^{-1},量程范围是 4 000 ~ 400 cm^{-1}。在进行 FTIR 分析时,把剥除涂覆层的光纤截成小于 1 mm 的小段,对于PMMA,则剪成粒径在1 mm以下的碎块,分别研磨并与 KBr混合均匀,每次混合比例相同,样品质量相同,并在相同压力和压制时间下压制成片状结构,再进行 FTIR 分析试验。

第 3 章
石英保偏光纤辐照诱导损耗变化规律

国产保偏光纤辐照效应及其
机理研究

我国生产的“熊猫”型石英保偏光纤与其他国家生产的相同类型石英保偏光纤相比，在工艺和掺杂细节上存在一定差异，由此辐照诱导损耗变化规律则有所不同，如辐照诱导损耗饱和值以及辐照诱导损耗达到饱和值所需要的辐照注量（或剂量）。“一”字型石英保偏光纤的结构是国际上独创的，到目前为止，只有少数关于这种光纤伽马射线辐照的研究报道，对于电子和质子辐照研究未见报道。本章研究辐照导致国产“熊猫”型和“一”字型石英保偏光纤的辐照诱导损耗变化规律，其中辐照粒子包括伽马射线、电子（50 keV、160 keV 和 1 MeV）和质子（170 keV、2 MeV、3. 5 MeV、5 MeV 和 10 MeV），考虑辐照粒子的注量（或剂量）、束流密度（或剂量率）、能量以及测试系统对石英保偏光纤辐照诱导损耗的影响。

3. 1　“熊猫”型石英保偏光纤辐照诱导损耗变化规律

分别讨论不同剂量率伽马射线、不同能量和不同束流密度电子以及不同能量质子辐照条件，并且考虑是否通光的测量条件的影响。

3. 1. 1　伽马射线辐照诱导损耗变化规律

不同剂量率伽马射线辐照“熊猫”型石英保偏光纤时，辐照诱导损耗随辐照剂量变化关系如图 3 - 1 所示，其中剂量率分别是 4 270 rad · h^{-1} 和 670 rad · h^{-1}，均是原位通光系统测量。

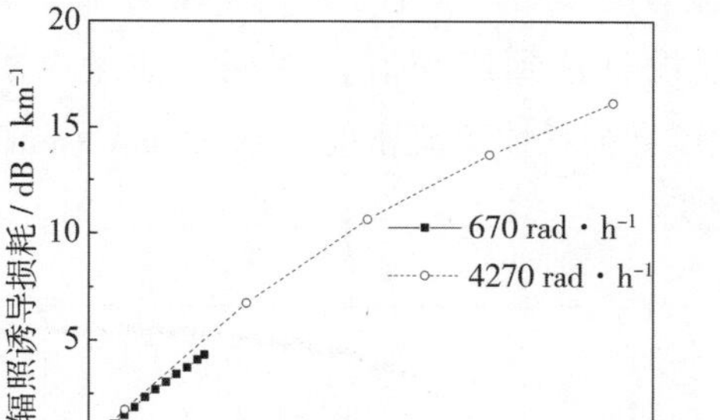

图 3 - 1　“熊猫”型石英光纤辐照诱导损耗随不同剂量率伽马射线辐照剂量的变化关系

研究结果表明，两种剂量率的伽马射线辐照均导致“熊猫”型石英保偏光纤的辐照诱导损耗随着辐照剂量的增加而增加。相同剂量辐照下，与剂量率为 4 270 rad · h^{-1} 的辐照诱导损耗相比，剂量率为 670 rad · h^{-1} 的辐照诱导损耗相对较小。而且随着辐照剂量的增加，二者差值加剧。

原位和离线测量的“熊猫”型石英光纤辐照诱导损耗随伽马射线剂量的变化关系

如图 3 - 2 所示，其中光源功率为 70 μW，剂量率均是 4 270 rad · h^{-1}。“熊猫” 型石英保偏光纤在相同剂量伽马射线辐照下，原位通光测量的光纤辐照诱导损耗比离线不通光测量的光纤辐照诱导损耗小，而且随着辐照剂量的增加，二者差值加剧。

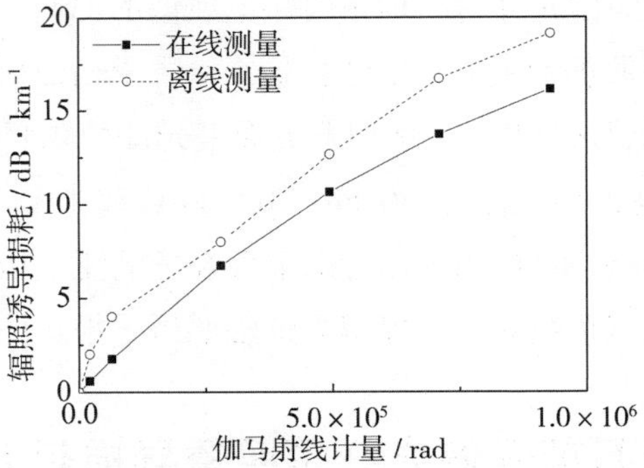

图 3 - 2　原位和离线测量的“熊猫” 型石英光纤辐照诱导损耗随伽马射线剂量的变化关系

3.1.2　电子辐照诱导损耗变化规律

在 160 keV 电子辐照条件下，不同束流密度电子辐照导致“熊猫” 型石英保偏光纤辐照诱导损耗随注量的变化关系如图 3 - 3 所示。其中束流密度分别是 0. 3 μA · cm^{-2} 和0. 03 μA · cm^{-2}，辐照诱导损耗由原位通光系统测量。由图可见，束流密度为0. 3 μA · cm^{-2} 时，辐照诱导损耗随电子注量增加呈含有 e 指数的变化规律：先急剧增大，而后趋缓，最后达到饱和，饱和值为 37. 9 dB · km^{-1}，这表明电子辐照对光纤性能有非常显著的影响。而电子束流密度为0. 03 μA · cm^{-2} 时，由于总注量较小，辐照诱导损耗没有达到饱和值。在相同注量电子辐照下，束流密度为 0. 3 μA · cm^{-2} 的辐照诱导损耗比束流密度为 0. 03 μA · cm^{-2} 的辐照诱导损耗大，注量越大，二者差值越大。

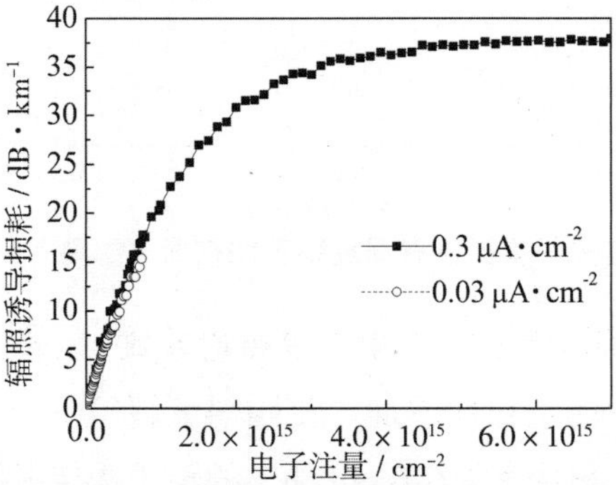

图 3 - 3　“熊猫” 型石英光纤不同束流密度电子辐照诱导损耗随注量的变化关系

在原位通光和离线不通光测量系统中，“熊猫” 型石英保偏光纤辐照诱导损耗随电子注量的变化关系如图 3 - 4 所示，试验过程中电子能量均是 160 keV，束流密度是 0.3 μA · cm^{-2}，光源功率为 70 μW。在相同注量电子辐照情况下，离线不通光测量的辐照诱导损耗要比原位通光测量的辐照诱导损耗大，电子辐照注量越大，二者差值越大。电子注量为 $7 \times 10^{15}cm^{-2}$ 时，离线不通光测量得到的辐照诱导损耗为 45.89 dB · km^{-1}，仍然没有达到饱和，也就是说辐照诱导损耗要达到饱和还需要更多注量电子的辐照作用。而相同电子注量辐照时，原位通光测量的辐照诱导损耗已经达到饱和，饱和值大小为 37.9 dB · km^{-1}。

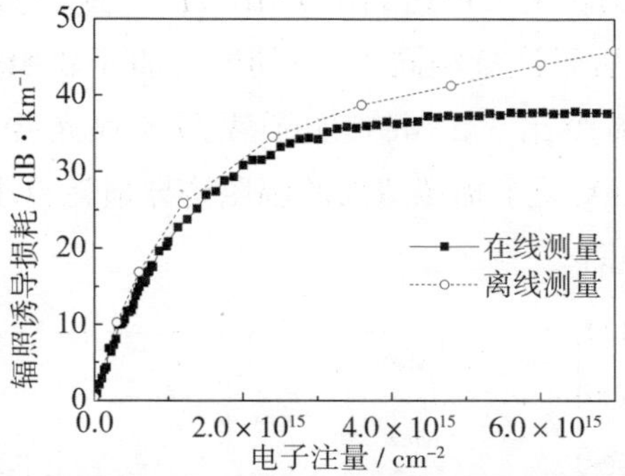

图 3 - 4　原位和离线测量的“熊猫”型石英光纤辐照诱导损耗随电子注量的变化关系

在不同能量电子辐照“熊猫”型石英保偏光纤情况下，其辐照诱导损耗随注量的变化关系如图 3 - 5 所示，其中电子的能量分别是 160 keV 和 1 MeV，均是原位通光系统测量。从图中可以看出，在相同注量情况下，与 160 keV 电子辐照导致“熊猫”型石英保偏光纤产生的辐照诱导损耗相比，1 MeV 电子辐照产生的辐照诱导损耗较小，而且随着辐照注量的增加，二者差值加剧。这两种能量电子辐照时，辐照诱导损耗饱和值分别是 37.9 dB · km^{-1} 和 18.2 dB · km^{-1}；另外，1 MeV 电子辐照时辐照诱导损耗达到饱和值所需的电子注量，比 160 keV 电子辐照时辐照诱导损耗达到饱和值所需的电子注量大 1 倍以上。50 keV 电子辐照“熊猫”型石英保偏光纤，即使电子注量达到 $1 \times 10^{16}cm^{-2}$，也没有产生辐照诱导损耗，所以，电子辐照“熊猫”型石英保偏光纤产生辐照诱导损耗的能量阈值应该在 50 ~ 160 keV 之间。

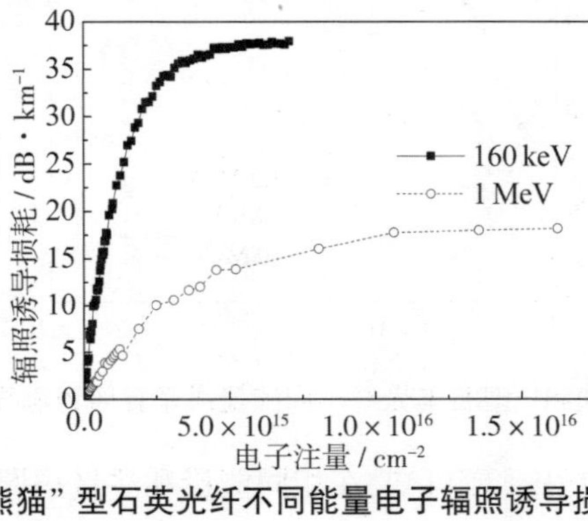

图 3 - 5　“熊猫”型石英光纤不同能量电子辐照诱导损耗与注量的关系

3.1.3 质子辐照诱导损耗变化规律

“熊猫”型石英保偏光纤在不同能量质子辐照条件下，1 310 nm 的辐照诱导损耗与辐照注量和能量有关如图 3 - 6 所示，其中质子能量分别是 3.5 MeV、5 MeV 和 10 MeV，采用离线不通光系统测量。从图中可以看出，在辐照的初始阶段，质子注量较低，光纤辐照诱导损耗急剧增加；随质子注量的继续增加，光纤的辐照诱导损耗增长趋缓。辐照诱导损耗最大可达 110.6 dB · km^{-1}，这表明质子辐照对光纤的性能有非常明显的影响。质子注量相同时，不同能量质子辐照产生的辐照诱导损耗有所差异，5 MeV 质子辐照比 3.5 MeV 质子辐照导致光纤的辐照诱导损耗小，10 MeV 质子辐照比 5 MeV 质子辐照造成的辐照诱导损耗更小，而且随着辐照注量的增加，这种差异更加显著。

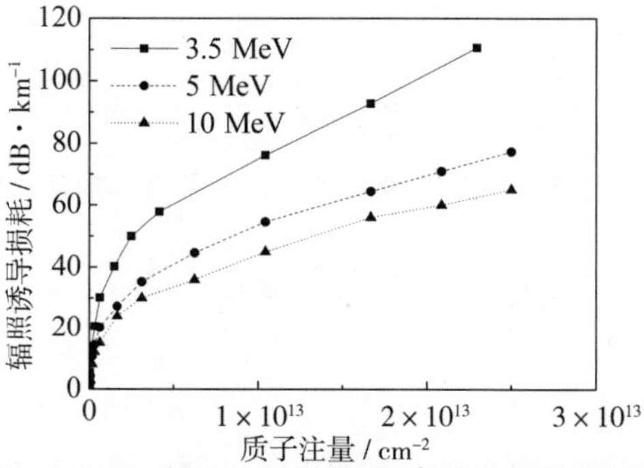

图 3 - 6 “熊猫”型石英光纤不同能量质子辐照诱导损耗随辐照注量的关系

“熊猫”型石英保偏光纤在不同能量质子辐照条件下，1 310 nm 的光纤辐照诱导损耗与辐照注量和能量的关系如图 3 - 7 所示，其中质子能量分别是 3.5 MeV、5 MeV 和 10 MeV，采用原位通光系统测量。在不同能量质子辐照时，辐照诱导损耗随辐照注量变化呈现含有 e 指数规律。

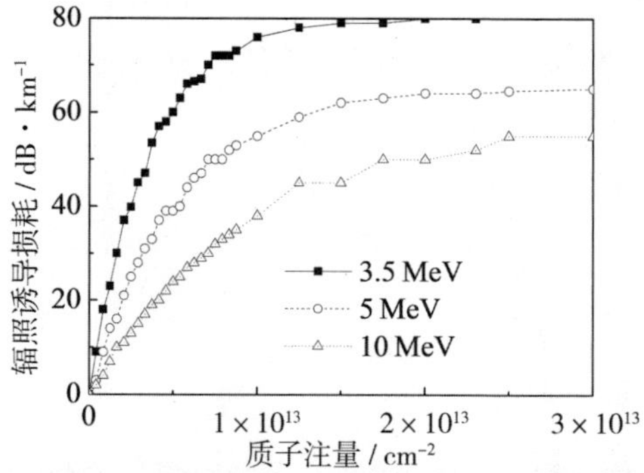

图 3 - 7 原位测量的“熊猫”型石英光纤不同能量质子辐照诱导损耗随辐照注量的关系

由图 3 - 6 和图 3 - 7 相比较可知，在相同能量和注量辐照下，原位通光系统测量的辐照诱导损耗比离线不通光系统测量的辐照诱导损耗小，而且这三种能量质子辐照时辐照诱导损耗基本上均达到饱和，但是在注量达到 $2.3\times10^{13}cm^{-2}$ 时，采用离线不通光系统测量的辐照诱导损耗还没有达到饱和值，只有进一步增加辐照注量，辐照诱导损耗才能达到饱和值。

能量为 170 keV 和 2 MeV 的质子辐照“熊猫”型石英保偏光纤，在注量为 0 ~ $5\times10^{13}cm^{-2}$ 的辐照过程中，辐照诱导损耗始终保持在 0 附近，即没有产生辐照诱导损耗。由此可见，质子辐照“熊猫”型石英保偏光纤产生辐照诱导损耗的能量阈值应该在 2 ~ 3.5 MeV 之间。

3.2 “一”字型石英保偏光纤辐照诱导损耗变化规律

研究“一”字型石英保偏光纤的辐照诱导损耗变化规律时，与“熊猫”型石英保偏光纤类似，分别讨论伽马射线剂量率、电子能量和束流密度以及质子能量对辐照诱导损耗的影响，并且考虑测量时是否通光的影响。

3.2.1 伽马射线辐照诱导损耗变化规律

在不同剂量率伽马射线辐照下，“一”字型石英保偏光纤辐照诱导损耗随剂量的变化关系如图 3 - 8 所示，其中剂量率分别是 4 270 $rad\cdot h^{-1}$ 和 670 $rad\cdot h^{-1}$，均是采用原位通光系统测量。在剂量率为 4 270 $rad\cdot h^{-1}$ 的伽马射线辐照情况下，辐照诱导损耗随辐照剂量增加呈含有 e 指数的变化规律：剂量较低时，光纤的辐照诱导损耗均随着辐照剂量的增加而急剧增长，随着伽马射线剂量的进一步增加，辐照诱导损耗增加变缓，最后达到饱和。另外，在相同剂量伽马射线辐照条件下，相对于剂量率为 4 270 $rad\cdot h^{-1}$ 时的辐照诱导损耗而言，剂量率为 670 $rad\cdot h^{-1}$ 时的辐照诱导损耗较小，两种剂量率伽马射线辐照时的辐照诱导损耗之间的差值随着辐照剂量增加而增加。在剂量率为 4 270 $rad\cdot h^{-1}$ 的伽马射线辐照情况下，“一”字型石英

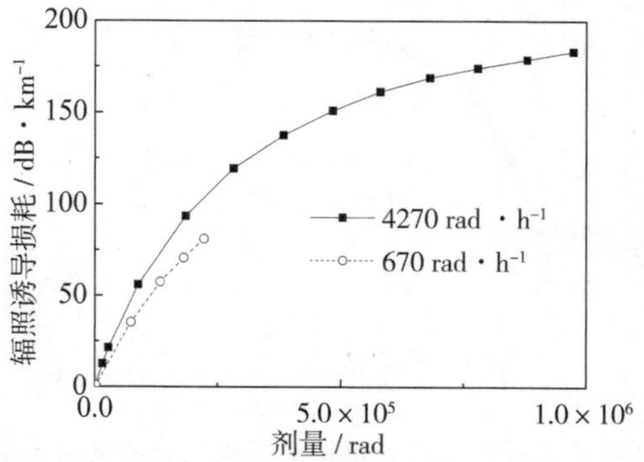

图 3 - 8　“一”字型石英光纤辐照诱导损耗随不同剂量率伽马射线辐照剂量的变化关系

保偏光纤的辐照诱导损耗达到饱和值,而当光纤受到剂量率为 670 rad · h^{-1} 的伽马射线辐照时,由于总剂量较小,辐照诱导损耗没有达到饱和值。

在原位通光测量和离线不通光测量系统下,“一”字型石英保偏光纤辐照诱导损耗随伽马射线辐照剂量的变化关系如图 3 - 9 所示,其中光源功率为 70 μW,伽马射线辐照的剂量率均为 4 270 rad · h^{-1}。“一”字型石英保偏光纤在相同剂量伽马射线辐照下,原位通光测量的辐照诱导损耗比离线不通光测量的辐照诱导损耗小,而且随着辐照剂量的增加,这种差异更加明显。在剂量为 1×10^6 rad 时,原位通光测量所得辐照诱导损耗已经达到饱和值,但是离线不通光测量所得辐照诱导损耗未达到饱和值,必须有更大剂量的伽马射线辐照,辐照诱导损耗才能达到饱和值。

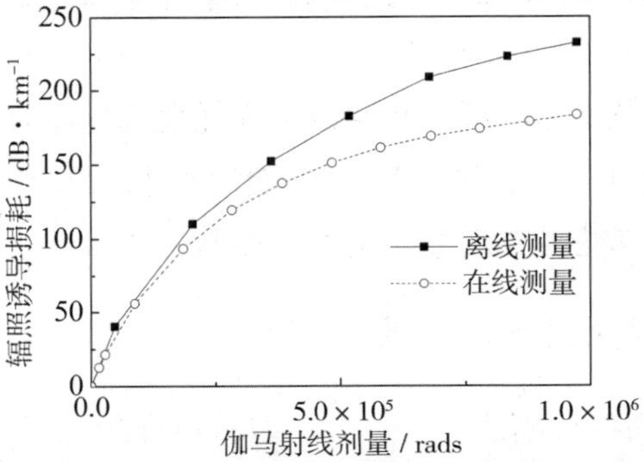

图 3 - 9　原位和离线测量的“一”字型石英光纤伽马射线辐照诱导损耗随剂量的变化关系

3.2.2　电子辐照诱导损耗变化规律

为了研究电子辐照对光纤性能的影响,图 3 - 10 所示,给出了在能量为 160 keV、不同束流密度的电子辐照条件下,“一”字型石英保偏光纤辐照诱导损耗随辐照注量的变化关系,束流密度分别是 0.3 μA · cm^{-2} 和 0.03 μA · cm^{-2},均采用原位通光系统测量辐照诱导损耗。

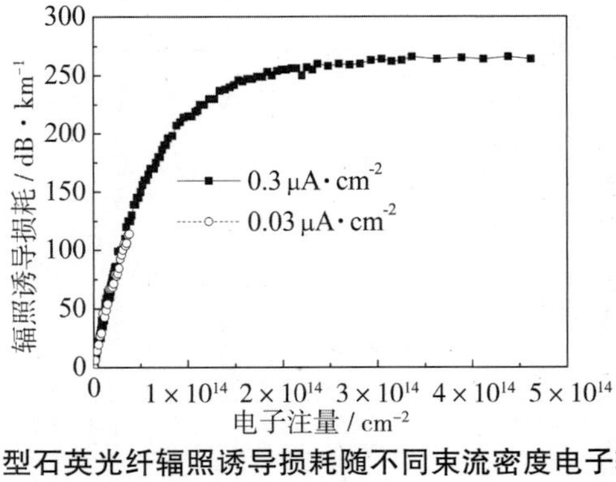

图 3 - 10　“一”字型石英光纤辐照诱导损耗随不同束流密度电子辐照注量的变化关系

“一”字型石英光纤辐照诱导损耗随不同束流密度电子辐照注量的变化关系如图 3 - 10 所示，两种束流密度的电子辐照后，光纤的辐照诱导损耗发生显著变化。束流密度为 0.3 $\mu A \cdot cm^{-2}$ 时，辐照诱导损耗随电子注量增加呈含有 e 指数的变化规律：先急剧增大，而后趋缓，最后达到饱和，饱和值为 266 $dB \cdot km^{-1}$，这表明电子辐照对光纤性能有非常显著的影响。而束流密度为 0.03 $\mu A \cdot cm^{-2}$ 的电子辐照时，由于总注量较低，光纤的辐照诱导损耗未达到饱和值。在相同注量电子辐照条件下，束流密度为 0.3 $\mu A \cdot cm^{-2}$ 的电子辐照比束流密度为 0.03 $\mu A \cdot cm^{-2}$ 的电子辐照导致的光纤损伤稍严重，试验数据上显示辐照诱导损耗稍大。由此可见，当能量相同时，不同束流密度的电子辐照对“一”字型石英保偏光纤辐照诱导损耗的影响不同。

在原位通光和离线不通光系统下，“一”字型石英保偏光纤 160 keV 电子辐照诱导损耗随辐照注量的变化关系如图 3 - 11 所示，辐照时束流密度为 0.3 $\mu A \cdot cm^{-2}$，光源功率为 70 μW。在相同注量电子辐照下，原位通光测量所得的辐照诱导损耗比离线不通光测量所得的辐照诱导损耗小，注量越大，这种现象越明显。在注量为 $5 \times 10^{14} cm^{-2}$ 时，原位通光测量所得辐照诱导损耗已经达到饱和值，但是离线不通光测量所得辐照诱导损耗未达到饱和值，所以，需要更大注量的电子辐照，辐照诱导损耗才能达到饱和值。

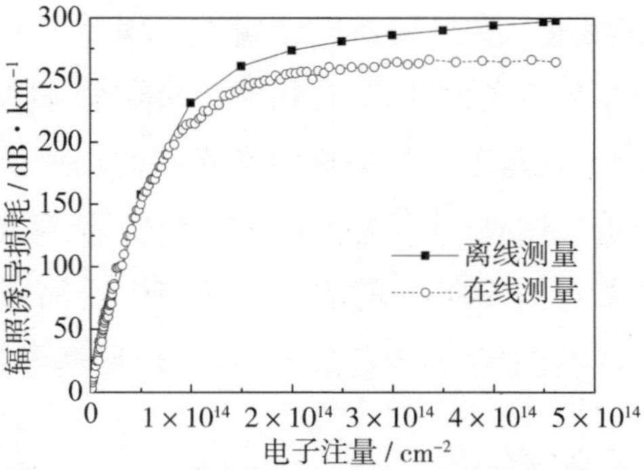

图 3 - 11　原位和离线测量的“一”字型石英光纤电子辐照诱导损耗随辐照注量的变化关系

在不同能量电子辐照“一”字型石英保偏光纤情况下，辐照诱导损耗随注量的变化关如图 3 - 12 所示，其中电子能量分别是 160 keV 和 1 MeV，均是原位通光系统测量。从图中可以看出，这两种能量的电子辐照“一”字型石英保偏光纤均会导致辐照诱导损耗明显升高，并且辐照诱导损耗达到饱和值；在相同注量条件下，1 MeV 电子辐照比 160 keV 电子辐照导致的辐照诱导损耗小，1 MeV 电子辐照比 160 keV 电子辐照导致的辐照诱导损耗的饱和值小近 50%，1 MeV 电子辐照诱导损耗达到饱和值所需要的辐照注量比 160 keV 电子辐照大 1 倍多。由此可见，不同能量电子辐照，在相同电子注量下，导致光纤形成的损伤程度有所差异。50 keV 电子辐照“一”字型石英保偏光纤，即使电子注量达到 $1\times10^{16}cm^{-2}$，也没有产生辐照诱导损耗。所以，电子辐照“一”字型石英保偏光纤产生辐照诱导损耗的能量阈值应该在 50 ~ 160 keV 之间。

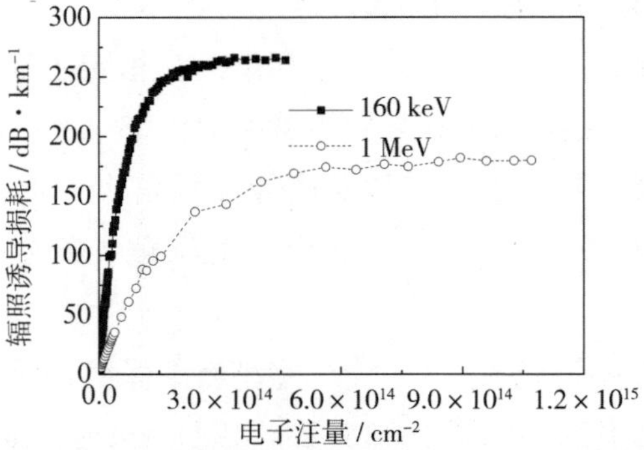

图 3 - 12 “一”字型石英光纤不同能量电子辐照诱导损耗与注量的关系

3.2.3 质子辐照诱导损耗变化规律

“一”字型石英保偏光纤在能量为 3.5 MeV、5 MeV 和 10 MeV 的质子辐照条件下，光源波长为 1 310 nm 的辐照诱导损耗随质子注量变化的关系如图 3 - 13 所示，均是采用原位通光系统测量。在三种不同能量质子辐照过程中，辐照诱导损耗随质子注量增加呈含有 e 指数的变化规律：在辐照初始阶段，辐照诱导损耗急剧升高；随着质子注量的继续增加，在辐照试验的中后期光纤的辐照诱导损耗变化趋缓，最后达到饱和。而且，在相同注量的质子辐照“一”字型石英保偏光纤条件下，能量为 3.5 MeV 的质子辐照比能量为 5 MeV 的质子辐照产生的辐照诱导损耗大，能量为 10 MeV 的质子辐照产生的辐照诱导损耗最小，但是辐照诱导损耗达到饱和值所需要的辐照注量最大。

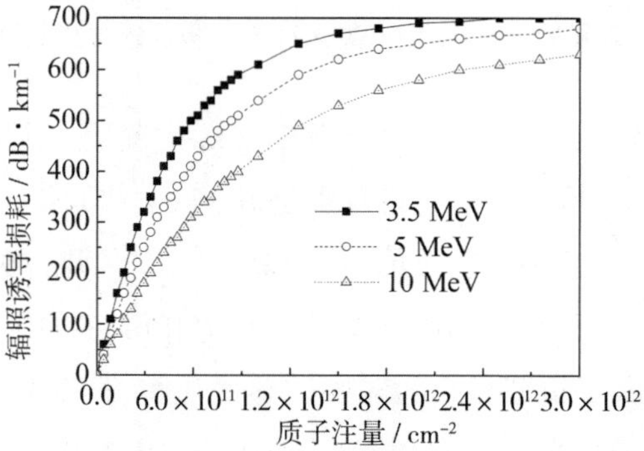

图 3 - 13 “一”字型石英光纤不同能量质子辐照诱导损耗与注量的关系

在能量为 170 keV 和 2 MeV 的质子辐照时，虽然注量达到 $6\times10^{12}cm^{-2}$，但是，在整个辐照过程中，“一”字型石英保偏光纤的辐照诱导损耗随质子注量的变化基本上在 0 附近做微小振荡，光纤的光学性能没有下降，即没有产生辐照诱导损耗。由此可见，与质子辐照“熊猫”型石英保偏光纤情况相同，质子辐照“一”字型石英保偏光纤产生辐照诱导损耗的能量阈值也应该在 2 ~ 3.5 MeV 之间。

3.3　辐照诱导损耗变化规律比较

“熊猫”型石英保偏光纤和“一”字型石英保偏光纤由于生产工艺和掺杂的差异，以带电粒子辐照为例，辐照诱导损耗饱和值和辐照诱导损耗达到饱和值所需要的注量也存在明显不同，具体数值如表 3-1 所示。从试验数据结果可以得知，无论是电子辐照，还是质子辐照，在辐照参数相同情况下，与“一”字型石英保偏光纤相比，“熊猫”型石英保偏光纤的辐照诱导损耗饱和值较小，辐照诱导损耗达到饱和值所需要的注量较大。对于伽马射线辐照，由于辐照剂量较小，“熊猫”型石英保偏光纤的辐照诱导损耗没有达到饱和值，但是，在相同辐照剂量情况下，“一”字型石英保偏光纤的辐照诱导损耗已经达到饱和值，而且辐照诱导损耗较大。所以，在这三种粒子辐照条件下，相对于“一”字型石英保偏光纤，“熊猫”型石英保偏光纤表现出更优异的抗辐照特性。

表 3-1　“熊猫”型与“一”字型石英光纤辐照诱导损耗比较

辐照源	能量 /MeV	光纤类型	注量 /cm^{-2}	辐照诱导损耗饱和值 / $dB\cdot km^{-1}$
电子	0.16	“熊猫”型	7.00×10^{15}	37.9
		“一”字型	4.62×10^{14}	265
	1.00	“熊猫”型	1.63×10^{16}	18.2
		“一”字型	1.07×10^{15}	181
质子	3.50	“熊猫”型	2.29×10^{13}	80
		“一”字型	2.50×10^{12}	700
	5.00	“熊猫”型	2.50×10^{13}	65
		“一”字型	3.00×10^{12}	680
	10.00	“熊猫”型	2.50×10^{13}	50
		“一”字型	3.00×10^{12}	630

第 4 章

石英保偏光纤辐照损伤机理

国产保偏光纤辐照效应及其
机理研究

第3章试验结果表明，在伽马射线、电子和质子辐照条件下，国产“一”字型和“熊猫”型石英保偏光纤辐照诱导损耗均随着辐照量的增加而增大。石英保偏光纤由纤芯、应力区、包层和涂覆层构成，在辐照条件下每一层中都会形成特定的缺陷，这些缺陷的类型和形成规律是导致光纤产生辐照诱导损耗的重要因素。目前已有研究结果证明，石英光纤在1 310 nm的辐照诱导损耗与Si - OH缺陷有关。本章将在试验得到的损耗谱分析的基础上，利用XPS、EPR和FTIR等分析手段，深入分析所研究的“一”字型和“熊猫”型石英保偏光纤中缺陷的形成机制和演化规律，并剖析影响石英保偏光纤抗辐照性能的关键因素。

4.1　光纤中的辐照缺陷

在辐照条件下，石英保偏光纤不同部位材料构成不同，则形成不同类型的缺陷，分析这些缺陷的具体类型，探讨缺陷的演化机制，有助于揭示石英保偏光纤形成辐照诱导损耗的机理。

4.1.1　Si - OH 缺陷

（1）损耗谱分析结果：损耗谱分析是测量一定波段范围内各个波长的光损耗值，可以分析石英保偏光纤纤芯中缺陷的类型。“一”字型石英保偏光纤辐照前后损耗谱如图4 - 1所示，波长范围为1 100 ~ 1 600 nm。其中，图4 - 1a）是伽马射线辐照前后损耗谱，剂量率为4 270 $rad \cdot h^{-1}$，剂量为9.74×10^5rad；图4 - 1b）是电子辐照前后损耗谱，电子能量为1 MeV时，注量为$1.10 \times 10^{15} cm^{-2}$，电子能量为160 keV时，束流密度为0.3 $\mu A \cdot cm^{-2}$，注量为$4.6 \times 10^{14} cm^{-2}$，在这里没有测量电子能量为160 keV、束流密度为0.03 $\mu A \cdot cm^{-2}$的损耗谱，因为辐照源和光纤类型均相同，形成的缺陷类型也应该相同；图4 - 1c）是质子辐照前后损耗谱，质子能量为3.5 MeV，注量为$3.00 \times 10^{12} cm^{-2}$，在这里没有测量5 MeV和10 MeV质子辐照后的损耗谱，因为辐照源和光纤相同，而且这三种能量质子辐照条件下，均导致“一”字型石英保偏光纤1 310 nm的辐照诱导损耗随质子注量的增加而增加，所以缺陷类型相同。也没有测量能量为170 keV质子和能量为50 keV电子辐照后的损耗谱，因为在第3章已经证实在这两种能量带电粒子辐照下不产生辐照诱导损耗，在石英保偏光纤纤芯中则不会形成影响1 310 nm辐照诱导损耗的相关缺陷。

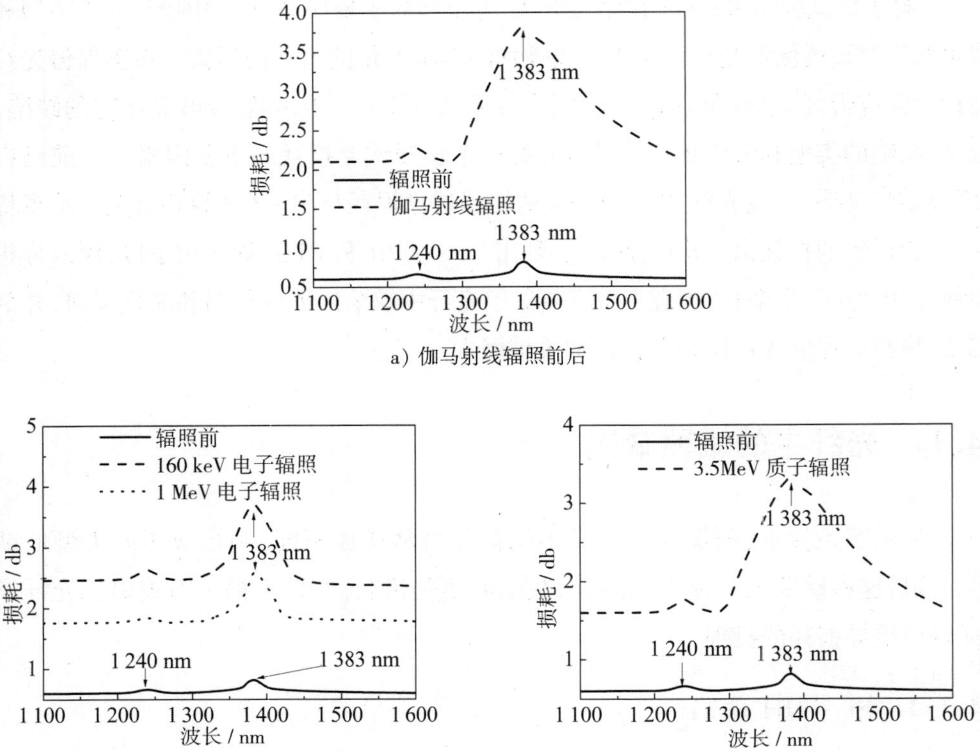

a）伽马射线辐照前后

b）电子辐照前后

c）质子辐照前后

图 4 - 1 “一”字型石英光纤辐照前后损耗谱

在石英光纤中，Si - OH 键的谐振波与 Si - O 键的谐振波相互作用，在光纤的传输频带内产生一系列的吸收峰，影响较大的位置在 2 730 nm、1 390 nm、1 240 nm 及 950 nm 波长附近，而且在光纤工作波长 1 310 nm 附近 1 390 nm 周围形成的损耗峰峰值最大[41]413。从图中可以看出，辐照前“一”字型石英保偏光纤在 1 383 nm 和 1 240 nm 附近存在微弱的损耗峰，这表明光纤纤芯中含有微量的 Si - OH 缺陷[98]。在经过伽马射线、电子和质子辐照后，这两个损耗峰的峰值升高和峰宽增加，尤其是在 1 383 nm 处的损耗峰变化更加显著，说明由于辐照的作用，光纤纤芯中的 Si - OH 缺陷浓度增加。而辐照并没有导致“一”字型石英保偏光纤明显出现其他的损耗峰，所以，可以说明在光纤纤芯中没有出现其他影响 1 310 nm 辐照诱导损耗的缺陷。由此，初步证明 Si - OH 缺陷浓度增加，是导致工作波长为 1 310 nm 的“一”字型石英保偏光纤辐照诱导损耗升高的主要因素。

“熊猫”型石英保偏光纤被辐照前后损耗谱如图 4 - 2 所示，波长范围为 1 100 ~ 1 600 nm。其中图 4 - 2a）是伽马射线辐照前后损耗谱，剂量率为 4 270 $rad \cdot h^{-1}$，剂量为 9.74×10^5rad；图 4 - 2b）是电子辐照前后损耗谱，其中电子能量为 1 MeV 时，注量为 $1.68 \times 10^{16} cm^{-2}$，电子能量为 160 keV 时，束流密度为 0.3 $\mu A \cdot cm^{-2}$，注

量为 7.00 × 10^{15} cm^{-2}；图 4 - 2c）是质子辐照前后损耗谱，质子能量是 3.5 MeV，质子注量分别是 1 × 10^{13} cm^{-2} 和 2.5 × 10^{13} cm^{-2}，在这里没有测量 170 keV、5 MeV 和 10 MeV 质子以及 50 keV 电子辐照后的损耗谱。

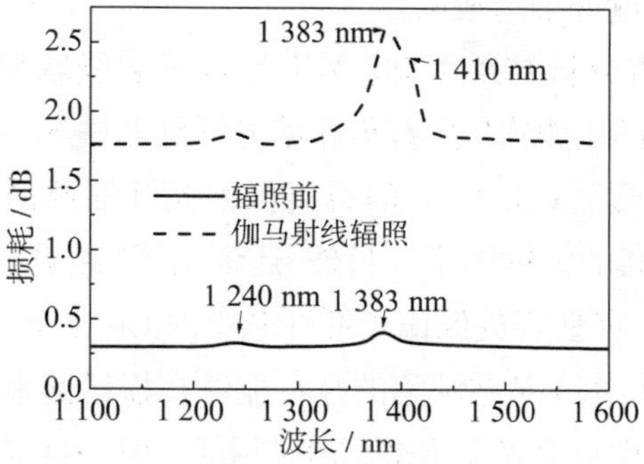

a）伽马射线辐照前后

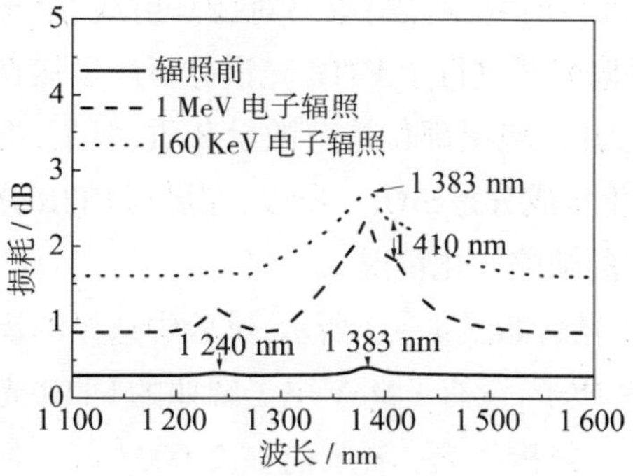

b）电子辐照前后

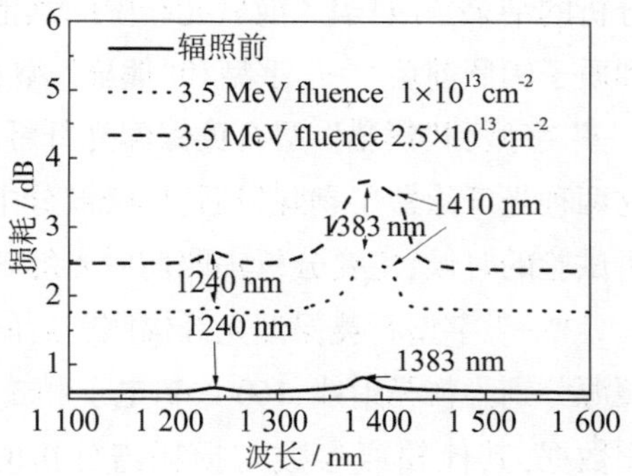

c）质子辐照前后

图 4 - 2 "熊猫" 型石英光纤辐照前后损耗谱

从图中可以看出，辐照前的"熊猫" 型石英保偏光纤在 1 383 nm 和 1 240 nm 处存在微弱的损耗峰，这表明辐照前在"熊猫" 型石英保偏光纤纤芯中存在微量 Si - OH 缺陷。在伽马射线、电子和质子辐照后，不但在 1 383 nm 和 1 240 nm 处的损耗峰峰值升高和峰宽增加，而且新出现了 1 410 nm 的损耗峰，这与 Ge - OH 的损耗峰相对应[79]1179，但是，在 1 100 ~ 1 600 nm 波段内没有出现其他的损耗峰。这说明由于辐照作用，"熊猫" 型石英保偏光纤纤芯中的 Si - OH 缺陷浓度增加，而且产生了 Ge - OH 缺陷。Ge - OH 缺陷的产生与"熊猫" 型石英保偏光纤纤芯中含 Ge 有关，而在"一" 字型石英保偏光纤辐照后没有明显显示这种缺陷的存在，或者 Ge - OH 缺陷浓度较低，被 1 383 nm 的损耗峰所掩盖。由此可以说明，"一" 字型石英保偏光纤纤芯中 Ge 浓度相对较低，辐照后产生的 Ge - OH 缺陷浓度更低，从而导致 Ge - OH 缺陷形成的损耗峰不显著。Ge - OH 缺陷导致 1 410 nm 的损耗峰与"熊猫" 型石英保偏光纤工作波长 1 310 nm 相距较远，对光纤辐照诱导损耗的影响相对 Si -

OH 缺陷甚微,可以忽略不计。特别需要注意的是,能量为 3.5 MeV 质子辐照“熊猫”型石英保偏光纤时,随着质子注量的增加,1 383 nm 的损耗峰增宽和升高,Si - OH 缺陷浓度增加[99]。所以,可以初步证明辐照诱导损耗随着辐照量的增加而增加主要是Si - OH 缺陷浓度增加造成的。

由辐照前后损耗谱分析结果可知,无论是伽马射线辐照,还是电子和质子辐照,均导致在“一”字型和“熊猫”型石英保偏光纤纤芯中 Si - OH 缺陷浓度增加。初步证明,这是工作波长为 1 310 nm 的石英保偏光纤辐照诱导损耗随着辐照注量(或剂量)的增加而升高的关键因素。另外,还证实了“熊猫”型石英保偏光纤纤芯的 Ge 含量高于“一”字型石英保偏光纤纤芯中的 Ge 含量。

(2)FTIR 分析结果:由于某些缺陷的存在能够在损耗谱中体现出来,如 Si - OH 缺陷,同样在FTIR 光谱中也会表现出来。但是损耗谱波长范围存在限制,其他缺陷可能在损耗谱中不能显示,而在 FTIR 光谱中可能会表现出来。为了进一步验证损耗谱分析的结果,并对辐照前后光纤中的其他缺陷进行研究,所以,本书对伽马射线、电子和质子辐照前后“一”字型和“熊猫”型石英保偏光纤进行了 FTIR 光谱分析。虽然在“一”字型和“熊猫”型石英保偏光纤纤芯、应力区、包层部位掺有微量杂质,但是,把这两种光纤涂覆层剥除以后,剩余部分主要的化学成分是SiO_2。所以,在进行FTIR分析试验的时候,主要分析辐照前后光纤 SiO_2 中的缺陷变化情况。

“一”字型石英保偏光纤辐照前后的 FTIR 光谱如图 4 - 3 所示,试验中选择的辐照源分别为伽马射线、160 keV 电子和3.5 MeV 质子,没有 1 MeV 电子辐照的 FTIR 光谱数据,其他辐照参数与损耗谱分析时相同。分析发现,辐照前在 2 000 cm^{-1} 到 4 000 cm^{-1} 波段内没有发生明显的红外吸收,由此可见,辐照前光纤包层和包层中存在 Si - OH 缺陷浓度较低,未能检测出。而伽马射线辐照后在 3 640 cm^{-1} 处出现了红外吸收峰,质子和电子辐照后均在 3 440 cm^{-1} 处出现了红外吸收峰,这两处红外吸收峰都是辐照因素在 SiO_2 中产生 Si - OH 杂质导致的[102,103]。辐照后的 FTIR 光谱分析进一步证实了伽马射线、电子和质子辐照后光纤包层和包层中 Si - OH 缺陷浓度升高,而其波段的红外吸收没有出现明显改变,也就是说 SiO_2 结构没有被完全破坏。

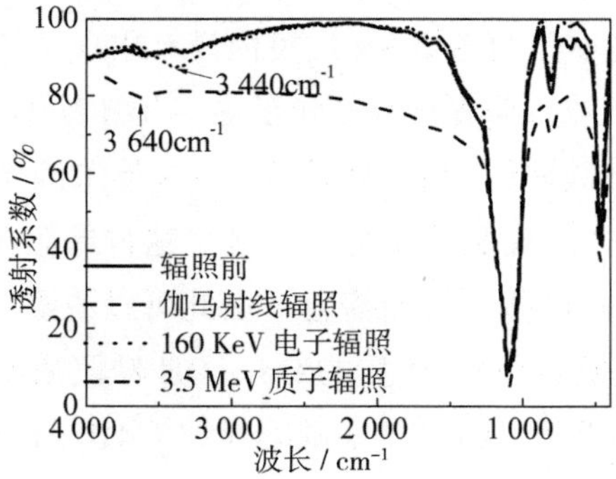

图 4 - 3 “一”字型石英光纤辐照前后 FTIR 光谱

"熊猫"型石英保偏光纤辐照前后的 FTIR 光谱如图 4 - 4 所示，辐照源分别是伽马射线、电子和质子，与"一"字型石英保偏光纤辐照前后的 FTIR 光谱分析类似，除没有测量 1 MeV 电子辐照后以及其他较低注量质子辐照后的 FTIR 光谱数据外，辐照参数与损耗谱分析时相同。

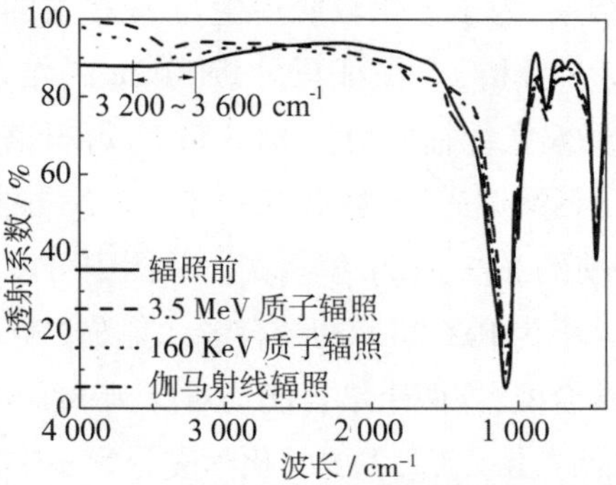

图 4 - 4　"熊猫"型石英光纤辐照前后 FTIR 光谱

分析发现，辐照前在 2 000 cm^{-1} 到 4 000 cm^{-1} 波段内也没有明显红外吸收，伽马射线辐照后在 3 378 cm^{-1} 处出现了红外吸收峰，电子辐照后在 3 432 cm^{-1} 处出现了红外吸收峰，质子辐照后在 3 371 cm^{-1} 处出现了红外吸收峰。辐照后在 3 200 ~3 600 cm^{-1} 波段内出现了明显的红外吸收峰，这些红外吸收峰是辐照作用在光纤的 SiO_2 中产生Si - OH 缺陷造成的[104]，辐照前光纤包层和包层中存在Si - OH 缺陷浓度较低，未能检测出，这个结论与"一"字型石英保偏光纤辐照前后的 FTIR 光谱分析结果一致。

另外需要特别注意的是，如图 4 - 5 所示，"熊猫"型石英保偏光纤在辐照前存在 1 000 cm^{-1} 的吸收峰，这是光纤纤芯、应力区和包层中存在 Si - F 缺陷导致的[105]。而辐照后没有明显出现 1 000 cm^{-1} 的吸收峰，这是由于在辐照过程中存在某种化学反应，导致 Si - F 缺陷完全消失或者残存浓度极低，无法在 FTIR 光谱中显示。但是，在"一"字型石英保偏光纤辐照前的 FTIR 光谱分析中没有显著的 1 000 cm^{-1} 吸收峰，说明辐照前"一"字型石英保偏光纤包层、应力区和纤芯中不存在 Si - F，或者 Si - F 缺陷浓度极低。

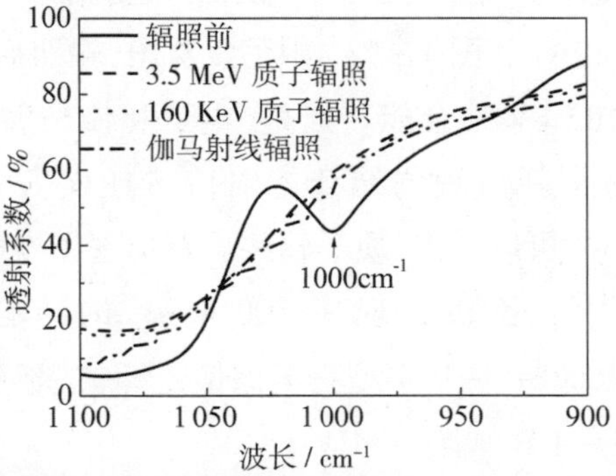

图 4 - 5　"熊猫"型石英光纤辐照前后在 1 100 ~ 900 cm^{-1} 波段 FTIR 光谱

FTIR 光谱分析结果进一步证明了无论是伽马射线辐照，还是电子和质子辐照，均导致在“一”字型和“熊猫”型石英保偏光纤中形成 Si - OH 缺陷，而且，“熊猫”型石英保偏光纤辐照前存在 Si - F 缺陷，但是辐照后 Si - F 缺陷浓度大幅降低，而“一”字型石英保偏光纤在辐照前不存在 Si - F 缺陷，或者其含量极低。

（3）XPS Si 2p 分析结果：为了分析辐照产生与 Si 相关的缺陷，把辐照前后的光纤涂覆层剥除，进行了 XPS 分析，以保证只分析 Si 2p 的结合能变化，辐照参数与 FTIR 分析时相同。石英保偏光纤辐照前的 XPS Si 2p 解析谱如图 4 - 6 所示，其中，图 4 - 6a）是“一”字型石英保偏光纤辐照前的 XPS Si 2p 解析谱，图 4 - 6b）是“熊猫”型石英保偏光纤辐照前的 XPS Si 2p 解析谱。从图中可以看出，“一”字型石英保偏光纤辐照前 Si 2p 只有大小为 102.2 eV 的结合能，“熊猫”型石英保偏光纤辐照前 Si 2p 存在大小为 102 eV 的结合能，这两个结合能均对应 ≡ Si - O - Si ≡ 结构[106]，即辐照前的这两种光纤被剥除涂覆层以后，主要的化学成分为 SiO_2。但是，“熊猫”型石英保偏光纤在辐照前还存在 102.5 eV 的结合能，对应于 Si - F 结构[107]，说明光纤包层、应力区和纤芯部位存在 Si - F 缺陷，这与 FTIR 分析结果相一致。

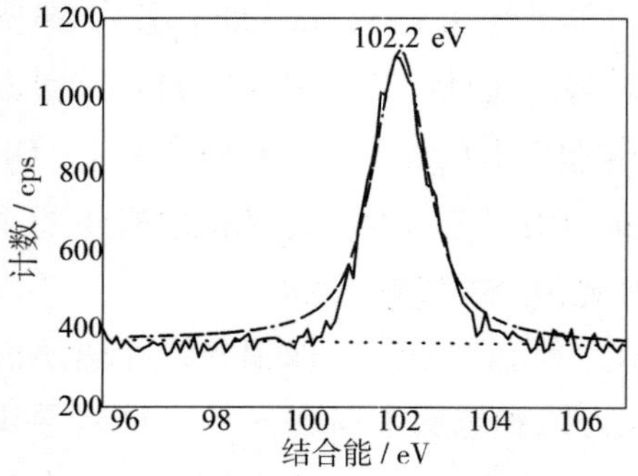

a）“一”字型

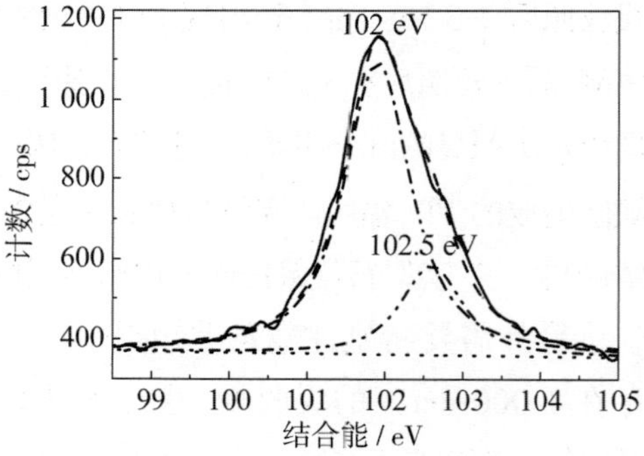

b）“熊猫”型

图 4 - 6　石英光纤辐照前 XPS Si 2p 解析谱

“一”字型石英保偏光纤辐照后的 XPS Si 2p 解析谱如图 4 - 7 所示，其中图 4 - 7a）是伽马射线辐照后的 XPS Si 2p 解析谱，图 4 - 7b）是电子辐照后的 XPS Si 2p 解析谱，图 4 - 7c）是质子辐照后的 XPS Si 2p 解析谱。

从图 4 - 7a）、图 4 - 7b）和图 4 - 7c）中可以看出，辐照后光纤仍然存在代表 ≡ Si - O - Si ≡ 结构的 102 eV 结合能。但是，电子和伽马射线辐照后均新出现了 101.6 eV 的结合能，这个新出现的结合能对应 SiH_xO_y（$y < 2$）结构[108,109]，即 Si - OH。从图 4 - 7c）中可以看出，质子辐照后新出现了 99.6 eV 的结合能，对应于Si - H 的结合能[84]1375；还新出现了 100.4 eV 的结合能，对应的结构为 Si - OH[110]。所以，可以证明“一”字型石英保偏光纤被辐照后，在光纤包层、应力区和纤芯部位产生了 Si - OH 缺陷。

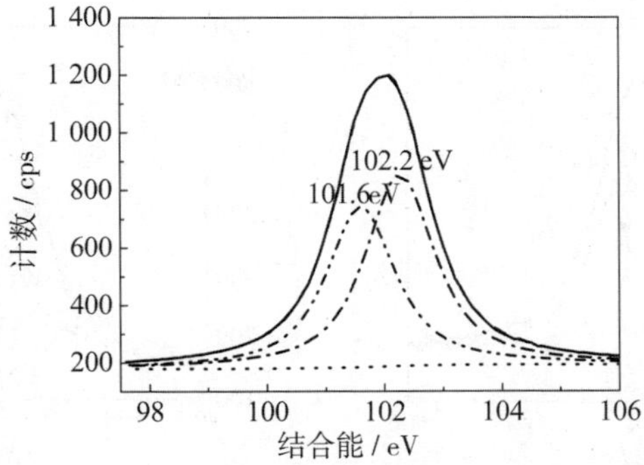

a）伽马射线辐照后

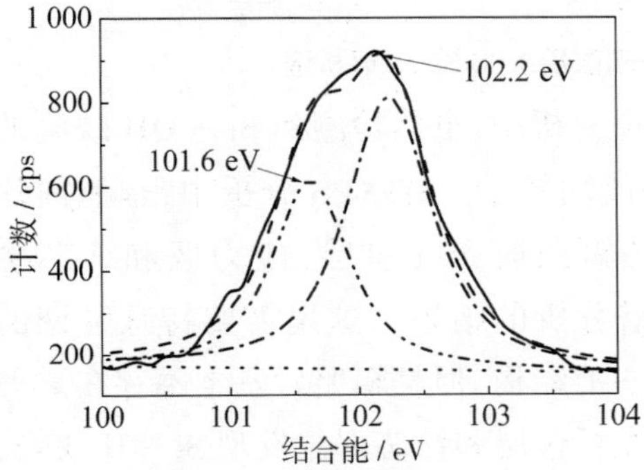

b）电子辐照后

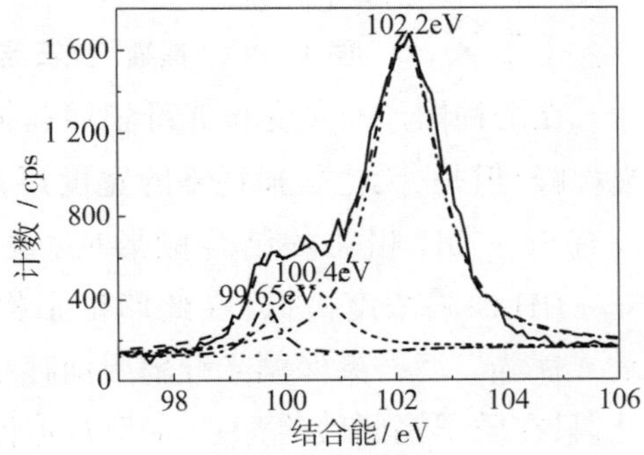

c）质子辐照后

图 4 - 7　"一"字型石英光纤辐照后 XPS Si 2p 解析谱

"熊猫" 型石英保偏光纤辐照后的 XPS Si 2p 解析谱如图 4 - 8 所示，其中图 4 - 8a）是伽马射线辐照后的 XPS Si 2p 解析谱，图 4 - 8b）是电子辐照后的 XPS Si 2p 解析谱，图 4 - 8c）是质子辐照后的 XPS Si 2p 解析谱。

从图 4 - 8a）、图 4 - 8b）和图 4 - 8c）中可以看出，与"一" 字型石英保偏光纤包层和纤芯部位辐照后的 XPS Si 2p 解析谱结果类似，辐照后在光纤包层和纤芯部位仍然存在代表 ≡ Si - O - Si ≡ 结构的 102 eV 结合能，并且新产生了代表 Si - OH 结构 101.6 eV 的结合能。另外，在"熊猫" 型石英保偏光纤包层和纤芯部位对应 Si - F 结构的 102.5 eV 结合能消失，这是由于在辐照过程中发生的化学反应导致 Si - F 消失或浓度大幅降低，这也与 FTIR 分析结果相一致。

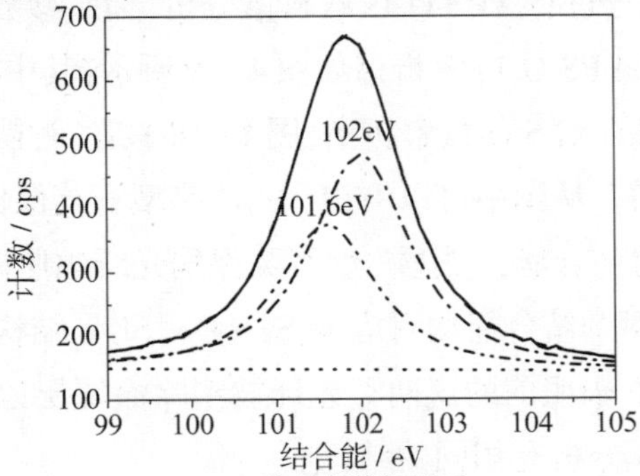

a）伽马射线辐照后

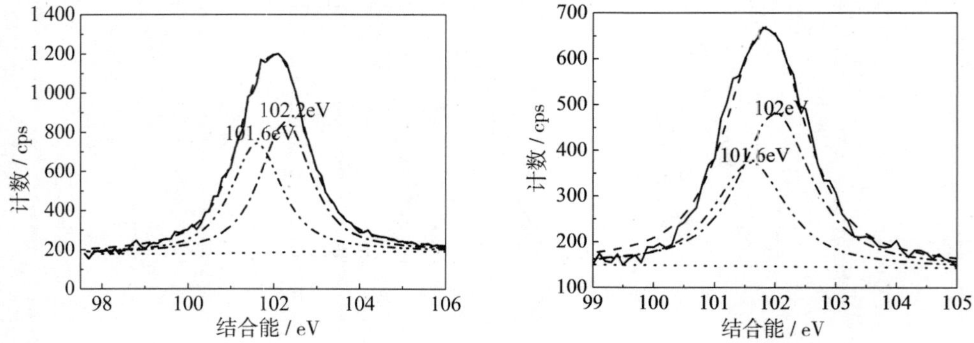

b) 电子辐照后

c) 质子辐照后

图 4 - 8 “熊猫”型石英光纤辐照后 XPS Si 2p 解析谱

在两种国产石英保偏光纤辐照前损耗谱分析中，虽然检测到 Si - OH 缺陷的损耗峰，但是，无论是损耗峰的宽度还是峰值均较小。在 XPS 分析中，辐照前均没有 Si - OH 相关的结合能形成，说明在辐照前光纤包层、应力区和纤芯中 Si - OH 缺陷浓度极低，在此印证了损耗谱分析的结果。这里需要特殊强调的是，“熊猫” 型石英保偏光纤辐照前存在 Si - F 结构，但是辐照后基本不存在。另外，只在质子辐照后的“一” 字型石英保偏光纤包层和纤芯部位发现 Si - H 缺陷，但是，在电子辐照和伽马射线辐照以及三种辐照源辐照“熊猫” 型石英保偏光纤后均没有发现 Si - H 缺陷，这是因为 Si - H 缺陷相对应结合能的峰值相对较低，被噪声所掩盖。

由此可见，质子、电子和伽马射线辐照光纤可以导致光纤纤芯、应力区和包层中产生 Si - OH 缺陷。但是，由于电子和伽马射线自身不含 H，SiO_2 中也不含 H，而产生 Si - OH 缺陷必须存在 H，因此，可以断定电子和伽马射线辐照光纤后出现的 Si - OH 缺陷是由含有 H 的物质参与化学反应造成的。

4.1.2 NBO 缺陷

为了进一步分析辐照导致光纤纤芯和包层是否产生其他缺陷，对光纤辐照前后剥除涂覆层剩余的部分进行 XPS O 1s 解析谱分析，辐照参数与 XPS Si 2p 相同。石英保偏光纤辐照前的 XPS O 1s 解析谱如图 4 - 9 所示，其中图 4 - 9a) 是“一” 字型石英保偏光纤辐照前的 XPS O 1s 解析谱，图 4 - 9b) 是“熊猫” 型石英保偏光纤辐照前的 XPS O 1s 解析谱。从图中可以看出，“一” 字型石英保偏光纤辐照前 O 1s 只存在大小为 531.6 eV 的结合能，“熊猫” 型石英保偏光纤辐照前 O 1s 只存在大小为 532.0 eV 的结合能，这两个结合能均对应 ≡ Si - O - Si ≡ 结构[122]。通过分析 XPS O 1s 解析谱也可以发现，辐照前的这两种光纤被剥除涂覆层以后，主要的化学成分为 SiO_2，这与 XPS Si 2p 分析有相同的结论。

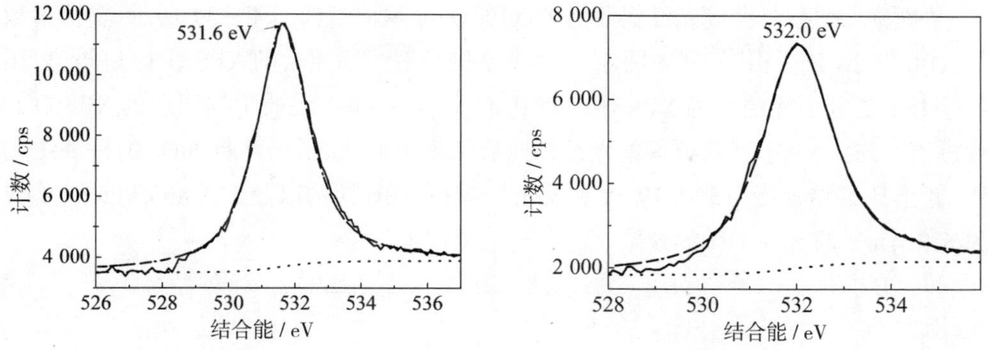

a)"一" 字型　　b)"熊猫" 型

图 4 - 9　石英光纤辐照前 XPS O 1s 解析谱

"一" 字型石英保偏光纤辐照后的 XPS O 1s 解析谱如图 4 - 10 所示,辐照参数与 XPS Si 2p 分析相同。其中图 4 - 10a) 是伽马射线辐照后的 XPS O 1s 解析谱,图 4 - 10b) 是电子辐照后的 XPS O 1s 解析谱,图 4 - 10c) 是质子辐照后的 XPS O 1s 解析谱。分析结果表明,辐照作用对于 O 1s 的结合能具有一定影响,辐照后的结合能中除了仍然存在 SiO_2 的桥氧结构结合能以外[110,111],又出现了 530. 69 eV、530. 5 eV 和 530. 35 eV 的结合能,这些结合能对应于 SiO_2 中 O 的 NBO 缺陷[112],在样品中的结构形态是 $\equiv Si - O^-$,所以,辐照导致在石英保偏光纤内部形成 NBO 缺陷。另外,还出现了 533. 15 eV、532. 8 eV 和 533. 14 eV 的结合能,这是由于 Si 和 OH 相结合造成的[113],这个结论与 XPS Si 2p 解析谱分析结果相一致。

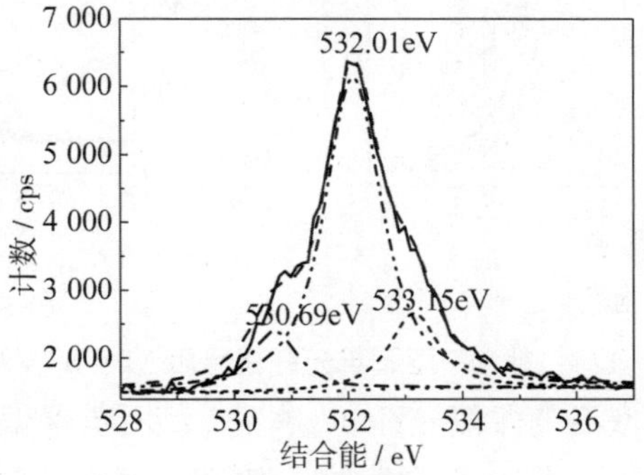

a) 伽马射线辐照后

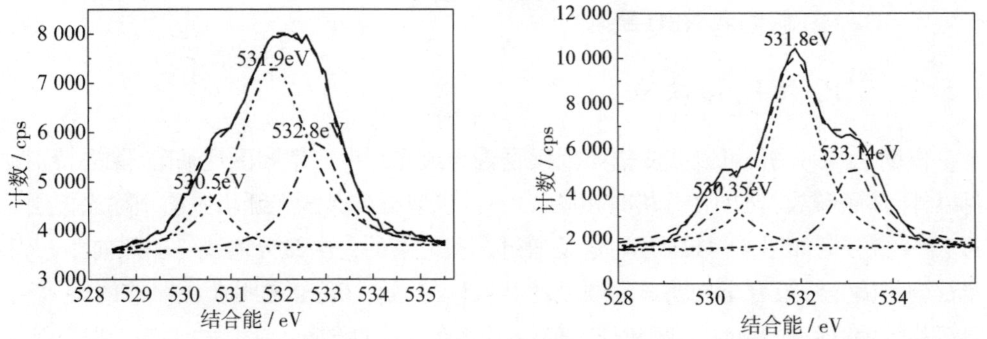

b) 电子辐照后　　c) 质子辐照后

图 4 - 10　"一" 字型石英光纤辐照后 XPS O 1s 解析谱

“熊猫”型石英保偏光纤辐照后的 XPS O 1s 解析谱如图 4 - 11 所示，辐照参数与 XPS Si 2p 分析相同，其中图 4 - 11a）是伽马射线辐照后的 XPS O 1s 解析谱，图 4 - 11b）是电子辐照后的 XPS O 1s 解析谱，图 4 - 11c）是质子辐照后的 XPS O 1s 解析谱。与“一”字型石英保偏光纤辐照后结果类似，除了仍然有 SiO_2 的桥氧结构外，新出现了结合能为530. 79 eV 和530. 5 eV 的 NBO 结构以及 532. 86 eV、532. 8 eV 和 532. 4 eV 的 Si - OH 的缺陷。

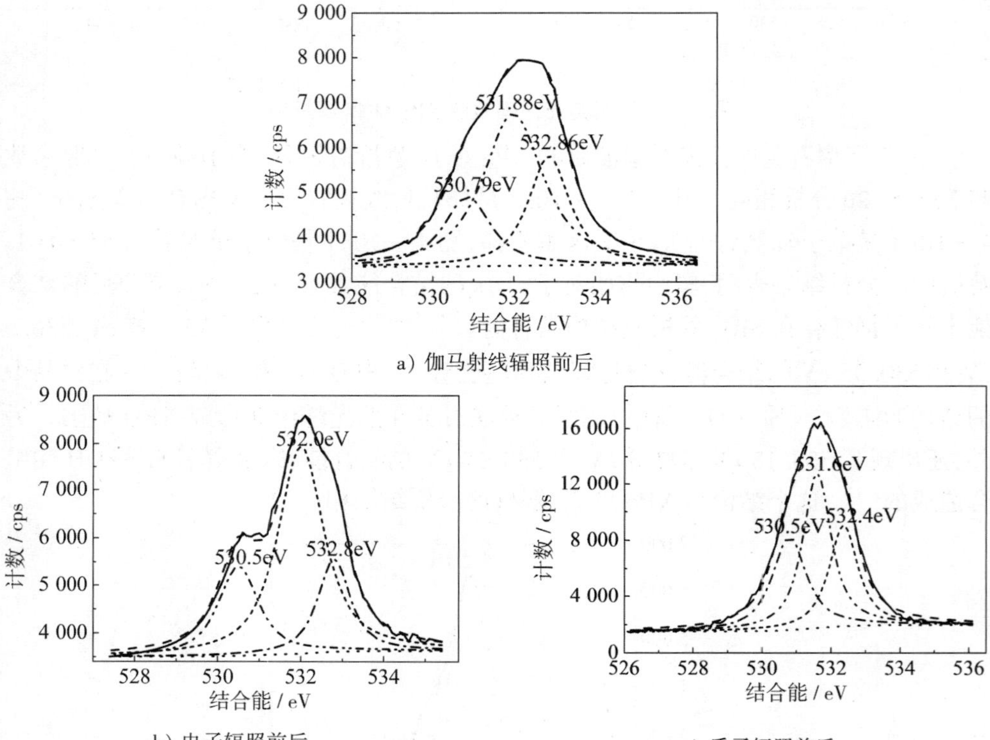

a）伽马射线辐照前后

b）电子辐照前后

c）质子辐照前后

图 4 - 11　“熊猫”型石英光纤辐照后 XPS O 1s 解析谱

通过分析“一”字型石英保偏光纤和“熊猫”型石英保偏光纤经伽马射线、电子和质子辐照前后 XPS O 1s 谱解析结果表明，辐照后在光纤包层、应力区和纤芯部位产生了 Si - OH 缺陷和 NBO 缺陷。

4. 1. 3　OHC 和 E′ 心缺陷

借助 EPR 分析，可以获知辐照因素是否导致光纤中产生顺磁性缺陷，除去特别说明以外，辐照参数与 FTIR 分析时相同。“一”字型石英保偏光纤辐照前剥除涂覆层后的 EPR 微分谱如图 4 - 12 所示，这是通过试验记录的一次微分谱线。辐照前“一”字型石英保偏光纤没有出现明显的顺磁性共振信号，这一现象说明在辐照前的“一”字型石英保偏光纤包层、应力区和纤芯部位不存在顺磁性缺陷。因为“熊猫”型石英保偏光纤也是石英光纤，辐照前也不会存在顺磁性缺陷，在这里就不再赘述。

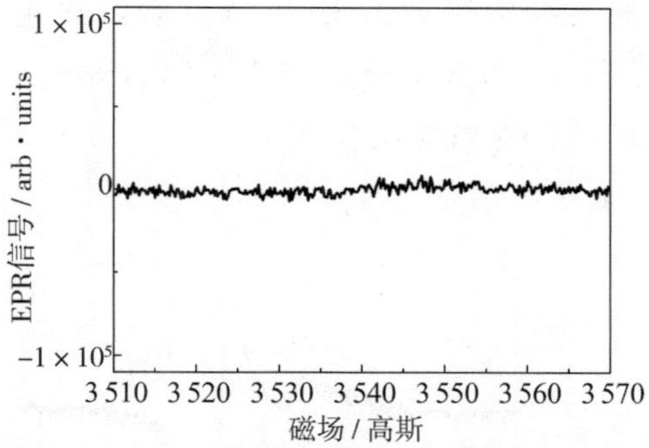

图 4 - 12　“一”字型石英光纤辐照前的 EPR 微分谱

“一”字型石英保偏光纤辐照后的 EPR 微分谱如图 4 - 13 所示，其中图4 - 13a）、图 4 - 13b）和图 4 - 13c）分别是伽马射线、电子和质子辐照后的 EPR 微分谱。

辐照后进行 EPR 的测量，发现试验样品内出现了顺磁性信号，可以推断由于辐照作用，必然在 SiO_2 中产生顺磁性缺陷。从共振信号的形状和出峰位置可以推断出现了 Si 的 E′ 心缺陷，$g_1 = 2.001\,7$[99]044904。Si 的 E′ 心是由失去一个桥氧的硅原子的 sp^3 杂化轨道俘获一个电子构成[114,115]。另外，还存在特别明显的 Ge 的 E′ 心及 Si 的 NBO 缺陷，二者的 g 值大小相等，均为 $g_2 = 2.001\,1$，在共振谱线中重合[116]。Si 的 E′ 心左侧还产生 OHC 缺陷[117]，$g_3 = 2.023$[118]。这四个顺磁缺陷共同作用，形成如图 4 - 13 的效果。

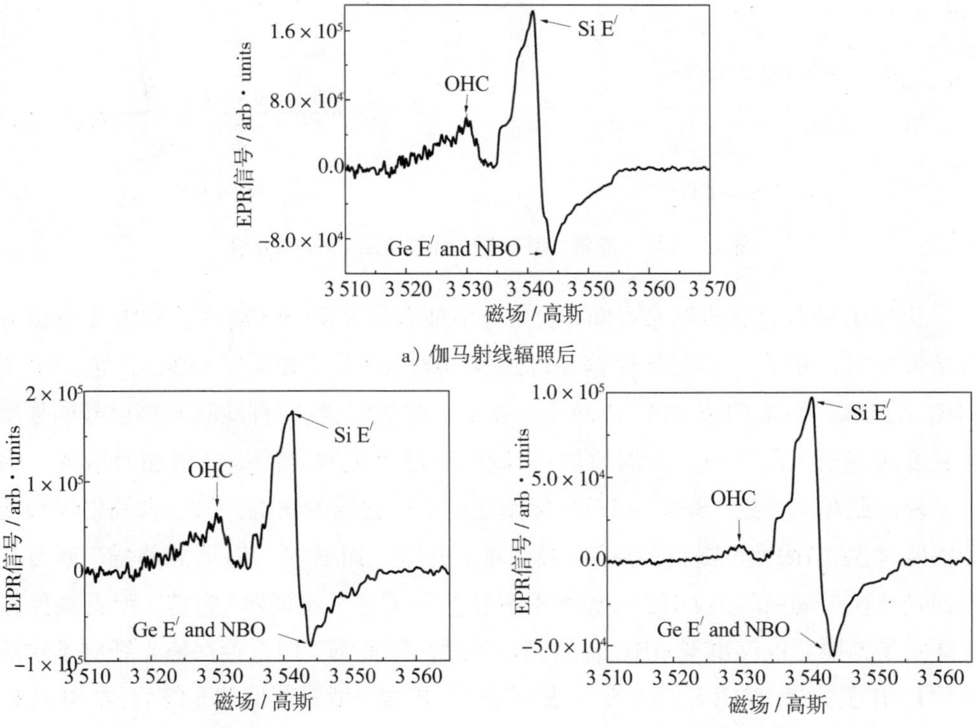

a）伽马射线辐照后

b）电子辐照后　　c）质子辐照后

图 4 - 13　“一”字型石英光纤辐照后 EPR 微分谱

“熊猫” 型石英保偏光纤辐照后的 EPR 微分谱如图 4 - 14 所示，其中图 4 - 14a）是伽马射线辐照后的 EPR 微分谱，图 4 - 14b）是电子辐照后的 EPR 微分谱，图 4 - 14c）是质子辐照后的 EPR 微分谱。

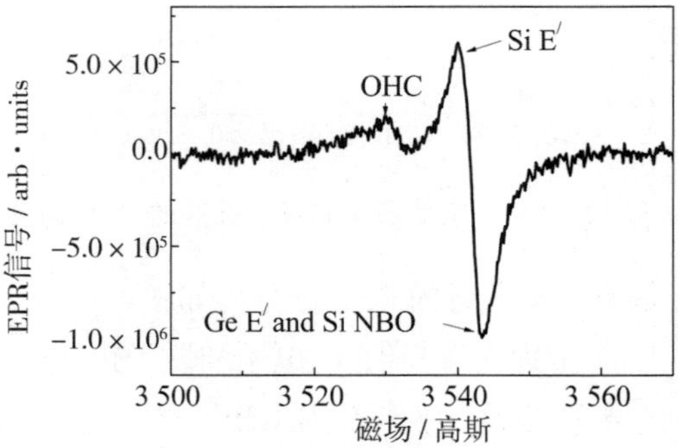

a）伽马射线辐照后

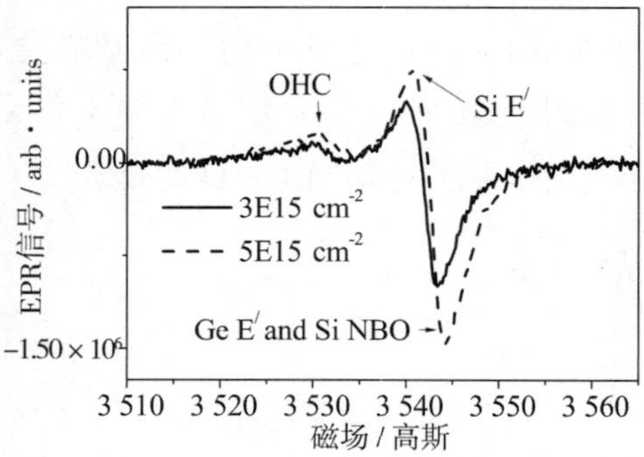

b）电子辐照后

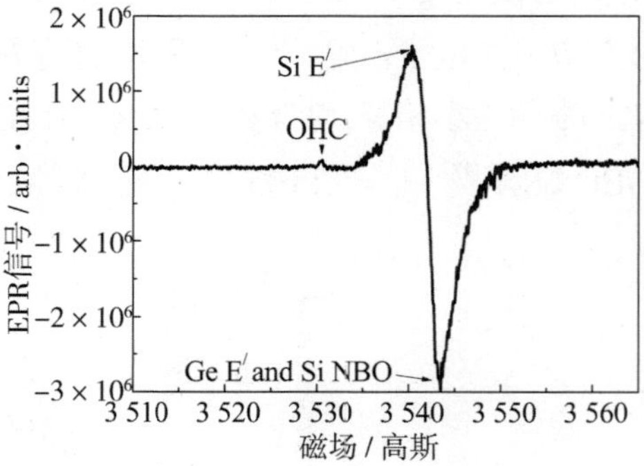

c）质子辐照后

图 4 - 14　“熊猫” 型石英光纤辐照后 EPR 微分谱

从 EPR 微分谱分析结果可知，与“一” 字型石英保偏光纤辐照后 EPR 微分谱分析结果类似，“熊猫” 型石英保偏光纤经伽马射线、电子和质子辐照后，也产生了 OHC、NBO 以及 Ge 和 Si 的 E′ 心缺陷。在电子辐照时，这四种缺陷共振信号的强度和宽度随着辐照注量的增加而增加，即缺陷浓度也随辐照注量的增加而增加。因为三种辐照源均导致“熊猫” 型石英保偏光纤产生这四种缺陷，所以，伽马射线和质子辐照时，缺陷浓度也随辐照注量（或剂量）的增加而增加。但是，“熊猫” 型石英保偏光纤质子辐照后的 OHC 心相对不明显。为了进一步证明“熊猫” 型石英保偏光纤质子辐照后能够出现 OHC 缺陷，本书测量了“熊猫” 型石英保偏光纤质子辐照前后 EPR 积分谱，如图 4 - 15 所示，质子辐照“熊猫” 型石英保偏光纤后，在 Si 的 E′ 心左侧的确出现了 OHC 缺陷。

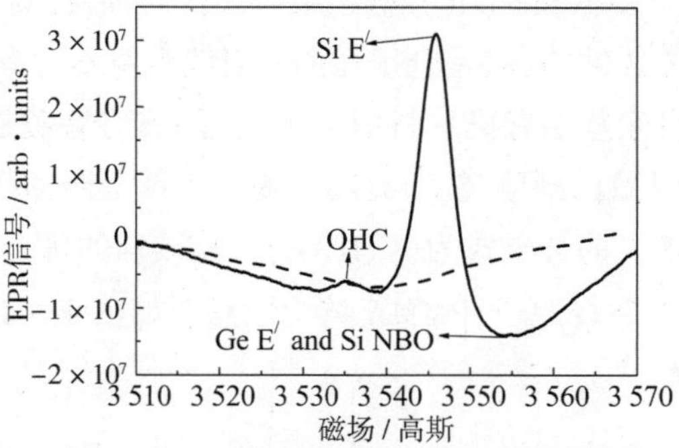

图 4 - 15　"熊猫" 型石英光纤质子辐照前后 EPR 积分谱

与"一" 字型石英保偏光纤相比,"熊猫" 型石英保偏光纤辐照后 EPR 微分谱最大的区别是 NBO 与 Ge 的 E′ 心缺陷共同的共振峰明显相对增强,其绝对值均超过了 Si 的 E′ 心缺陷共振峰峰值,而"一" 字型石英保偏光纤中 NBO 与 Ge 的 E′ 心缺陷共同的共振峰峰值的绝对值不及 Si 的 E′ 心缺陷共振峰峰值,表 4 - 1 显示了 Si 的 E′ 心缺陷共振峰峰值与 NBO 与 Ge 的 E′ 心缺陷共同的共振峰峰值的绝对值的比值。由于"熊猫" 型石英保偏光纤纤芯中掺 Ge 浓度比"一" 字型石英保偏光纤纤芯掺 Ge 浓度大,这在损耗谱分析中已经得到证明,而且,"熊猫" 型石英保偏光纤应力区也掺有 Ge,"一" 字型石英保偏光纤应力区没有掺 Ge,正是由于"熊猫" 型保偏包层和纤芯中含有 Ge 的浓度较大,辐照后产生 Ge 的 E′ 心缺陷浓度也较大,所以出现如表 4 - 1 所示的结果。

所以,从 EPR 谱分析结果可知,伽马射线、电子和质子辐照后,"熊猫" 型与"一" 字型石英保偏光纤包层、应力区和纤芯中产生了 OHC、NBO、Ge 和 Si 的 E′ 心缺陷。

表 4 - 1　共振峰峰值比

辐照源	光纤类型	峰值比
伽马射线	"熊猫" 型	0.59
	"一" 字型	1.87
电子	"熊猫" 型	0.505
	"一" 字型	2.09
质子	"熊猫" 型	0.514
	"一" 字型	1.76

4.1.4　C = C 缺陷和 H 粒子

在光纤辐照过程中,辐照粒子首先与涂覆层材料相互作用,必然导致其化学结构的变化。由损耗谱、XPS和FTIR分析结果可知,辐照后石英保偏光纤纤芯和包层的 SiO_2 中产生 Si－OH 缺陷,但是电子和伽马射线自身不含有 H,所以,Si－OH 缺陷的 H 来源只能来自涂覆层有机材料中。由此可见,对涂覆层材料辐照前后进行结构分析,探讨辐照导致的缺陷类型,有助于揭示光纤辐照损伤机理。

涂覆层材料 PMMA 的分子式为 $(C_5H_8O_2)_n$,其结构的每个单元中各含有 8 个 H 原子、5 个 C 原子和 2 个 O 原子,PMMA 结构示意图如图 4－16 所示[121]。

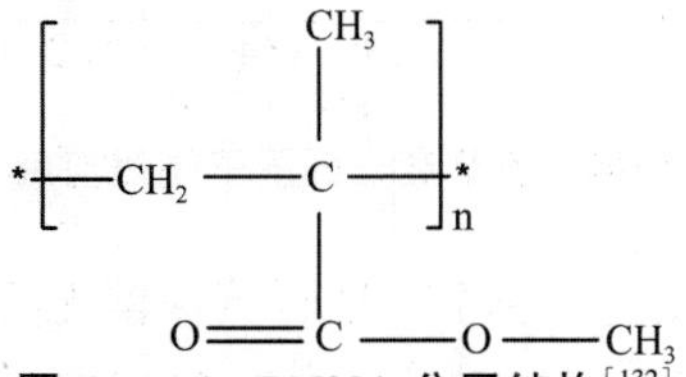

图 4－16　PMMA 分子结构[132]

160 keV 电子辐照前后 PMMA 的 FTIR 光谱如图 4－17 所示,其电子辐照注量为 1.00×10^{16} cm^{-2}。由图 4－17 可知,电子辐照后在 1 640 cm^{-1} 处出现了 C＝C 键的吸收峰[119]1085,而由图 4－16 可知,PMMA 原始结构中不存在 C＝C 键,这表明电子辐照导致 PMMA 材料内部发生了断键和其他化学反应过程,形成了 C＝C 键缺陷。

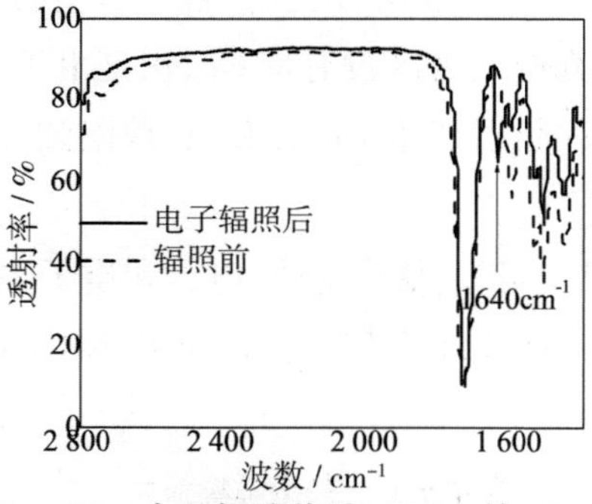

图 4－17　电子辐照前后 PMMA 的 FTIR 光谱

从PMMA分子结构分析,可能发生的反应过程如图4－18所示。在电子辐照作用下,PMMA 主链上的C－C键和侧甲基上的C－H键可能通过电离效应发生断裂,生成自由基,在不能被复合的条件下,两个相邻的 C 原子可能反应生成 C＝C 键,参与反应的甲基释放出一个 H 粒子。而且,H 粒子的产量与辐照注量呈线性关系[121]1192。同时,另一个侧甲基上的 H 发生转移。

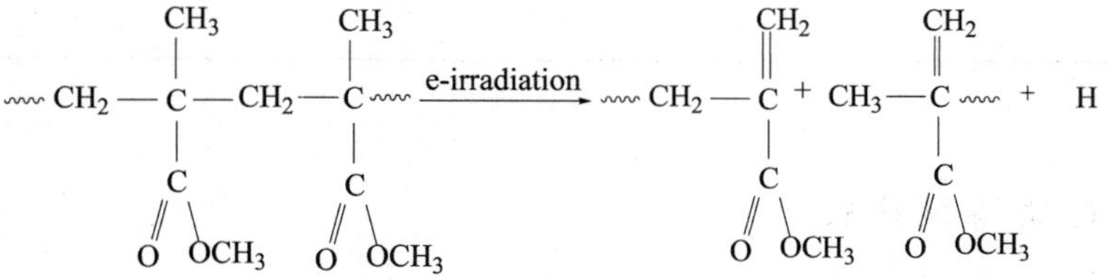

图 4－18　PMMA 受电子辐照结构变化机理

伽马射线辐照 PMMA 前后的 FTIR 谱如图 4 - 19 所示，剂量为 43 200 Gy，与电子辐照类似，在 1 640 cm^{-1} 处也出现了 C = C 键的吸收峰。由此可见，伽马射线辐照涂覆层材料 PMMA 时，其电离效应也在 PMMA 中产生，可能的化学反应与电子辐照时相同，也能够产生 C = C 缺陷和 H 粒子。由此可见，PMMA 被电子和伽马射线辐照后，均产生 C = C 键缺陷和 H 粒子。

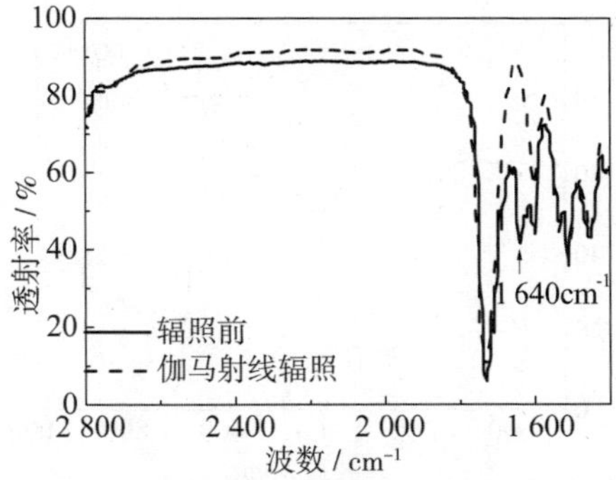

图 4 - 19　伽马射线辐照前后 PMMA 的 FTIR 光谱

综上所述，无论是伽马射线辐照，还是电子和质子辐照，光纤包层和纤芯部位均产生了 Si - OH、Si 的 E′心、Ge 的 E′心、NBO 和 OHC 缺陷，并且导致“熊猫”型石英保偏光纤纤芯和包层中 Si - F 浓度大幅度降低，电子和伽马射线辐照导致涂覆层材料 PMMA 产生 C = C 缺陷和 H 粒子。其中，Si - OH 缺陷是导致工作波长为 1 310 nm 的石英保偏光纤辐照诱导损耗增加的关键因素，而光纤纤芯部位中的其他缺陷只会造成可见和紫外波段光吸收增加[122]，不会影响 1 310 nm 附近的损耗。

4.2　光纤中辐照缺陷的形成机制

上述分析已经证实了辐照条件下石英保偏光纤不同部位产生了各种类型的缺陷，本节在研究石英玻璃、PMMA 以及涂上 PMMA 的石英玻璃辐照前后的透过率变化的基础上，阐述 H 粒子在光纤中的扩散效应，并且讨论光纤中一系列辐照缺陷形成的机制和演化规律，揭示 Si - OH 缺陷在光纤纤芯中的累积和湮灭机理。

4.2.1　涂覆层中 H 的扩散

虽然电子和伽马射线辐照光纤导致涂覆层材料中产生游离态的 H，但是，是否能够扩散到光纤纤芯中，H 粒子与光纤纤芯中的 SiO_2 反应产生什么杂质，还需要进一步探讨。由于光纤的结构特征，辐照光纤时，粒子首先入射到 PMMA 中，然后才进入主要成分为 SiO_2 的纤芯和包层中。为了证明电子和伽马射线辐照光纤时，H 粒子能够进一步扩散到光纤包层和纤芯部位，利用电子和伽马射线分别辐照

PMMA 材料、石英玻璃和涂上 PMMA 的石英玻璃,研究辐照前后对光吸收的影响。

如图 4 - 20 所示,单独研究了 PMMA 电子辐照前后透过率变化情况,电子能量为 160 keV,注量为 $1.00 \times 10^{16} cm^{-2}$。从中可以看出,在 900 ~ 2 000 nm 波段内,PMMA 电子辐照后没有新出现明显的吸收峰,说明在这个波段范围内,没有出现严重影响光透过率的新缺陷。

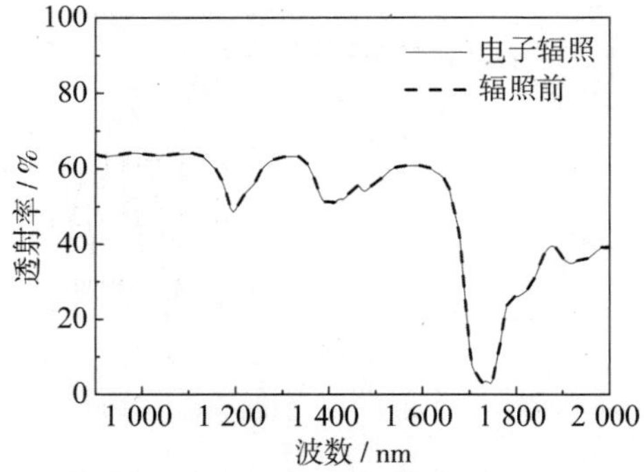

图 4 - 20　PMMA 电子辐照前后透过率

石英玻璃被电子辐照前后的透过率如图 4 - 21 所示,电子能量为 160 keV,注量为 $1.00 \times 10^{16} cm^{-2}$。由图可见,在 1 300 ~ 1 500 nm 波段范围内,石英玻璃被电子辐照后的吸收峰没有发生明显变化,也就是说在 1 300 ~ 1 500 nm 波段范围内,石英玻璃被电子辐照后,也没有产生导致光吸收的相关缺陷。

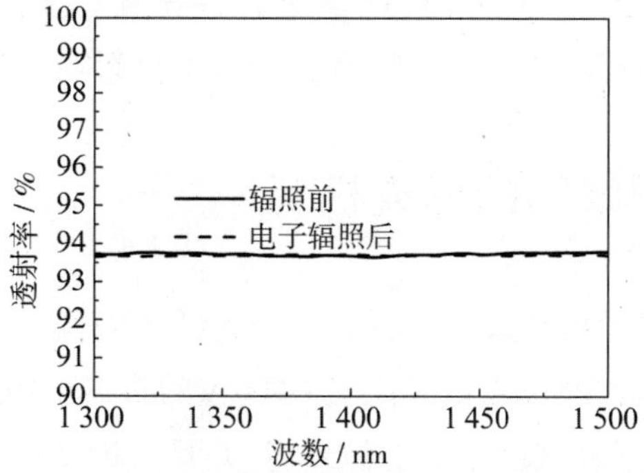

图 4 - 21　石英玻璃电子辐照前后透过率

把 PMMA 涂覆到石英玻璃表面,共同进行电子辐照,PMMA 朝向辐照源,以此来模拟光纤受辐照时的情况。涂上 PMMA 的石英玻璃电子辐照前后透过率如图 4 - 22 所示,其中波长范围为 900 ~ 2 800 nm,能量为 160 keV,注量分别为 $1.00 \times 10^{15} cm^{-2}$、$2.00 \times 10^{15} cm^{-2}$ 和 $2.00 \times 10^{16} cm^{-2}$。研究发现,随着电子辐照注量的增加,在 1 390 nm 和 2 730 nm 处的透过率逐渐降低,而这两个波长处透过率下降是由于电子辐照导致 PMMA 中的 H 扩散到石英玻璃中,导致 Si - OH 缺陷浓度升高造成的[123]。因此,可以推断电子辐照导致在光纤纤芯和包层中形成 Si - OH 缺陷,这是电子辐照 PMMA 和 SiO_2 共同作用的结果。

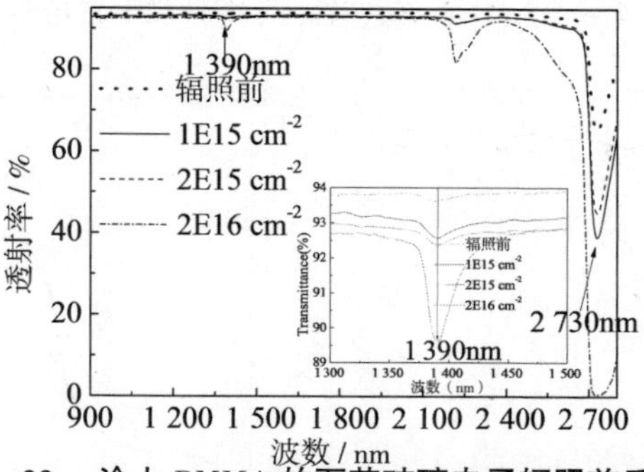

图 4 － 22　涂上 PMMA 的石英玻璃电子辐照前后透过率

伽马射线辐照 PMMA 前后的透过率如图 4 － 23 所示，剂量为 43 200 Gy。由图可见，PMMA 被伽马射线辐照前后，在 900 ～ 2 000 nm 波段范围内的透过率没有发生明显的变化，也就是说在这个波段范围内，PMMA 被伽马射线辐照后，没有产生与光吸收的相关缺陷。

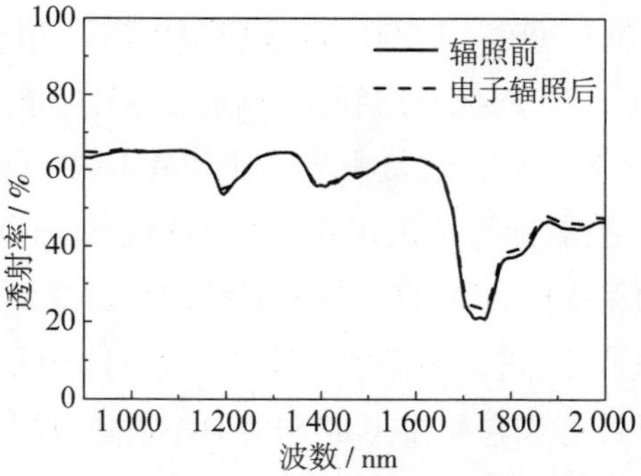

图 4 － 23　PMMA 伽马射线辐照前后透过率

石英玻璃被伽马射线辐照前后的透过率图如 4 － 24 所示，剂量为 43 200 Gy。分析发现，石英玻璃被伽马射线辐照前后，在 1 300 ～ 1 500 nm 波段范围内的透过率没有发生显著变化，也就是说在这个波段范围内，石英玻璃被伽马射线辐照后，没有产生导致光吸收的相关缺陷。

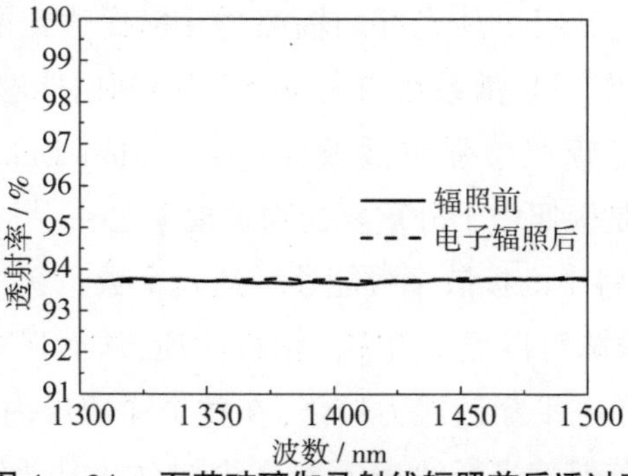

图 4 － 24　石英玻璃伽马射线辐照前后透过率

涂上 PMMA 的石英玻璃被伽马射线辐照前后透过率和吸收谱图 4 - 25 所示，剂量为 43 200 Gy，其中图 4 - 25a）是透过率，图 4 - 25b）是吸收谱。

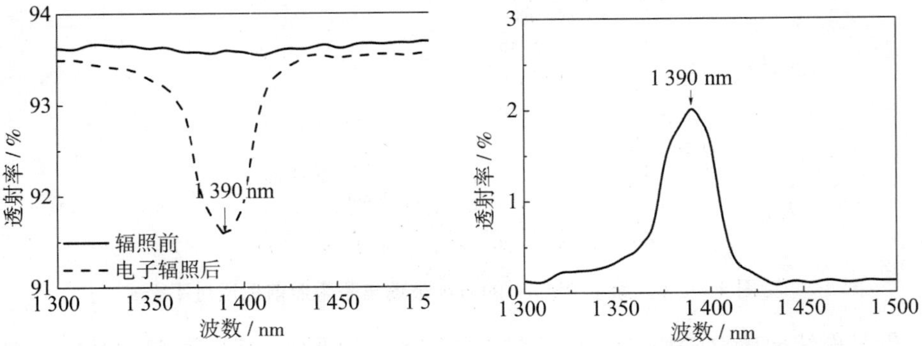

a）透过率　　b）吸收谱

图 4 - 25　涂上 PMMA 的石英玻璃伽马射线辐照前后透过率和吸收谱

在辐照的过程中，伽马射线先是击穿 PMMA，再辐照到石英玻璃。从图 4 - 25a）中可以看出，在 1 300 ~ 1 500 nm 波段范围内，涂上 PMMA 的石英玻璃在 1 390 nm 处透过率明显下降，而伽马射线单纯辐照石英玻璃和 PMMA 都没有发现在 1 390 nm 处透过率显著下降。这是由于涂上 PMMA 的石英玻璃被伽马射线辐照，使得 PMMA 中的 H 扩散到石英玻璃中，从而形成 Si - OH 缺陷造成的。从图 4 - 25b）中可以看出，涂上 PMMA 的石英玻璃经伽马射线辐照后在 1 390 nm 处有吸收谱明显增高的现象产生，进一步证实了图 4 - 25a）的试验结果。由此可见，伽马射线辐照导致在光纤纤芯和包层中形成 Si - OH 缺陷，这是伽马射线辐照光纤中 PMMA 和 SiO_2 共同作用的结果。

一般情况下，单纯氢气由外界扩散到光纤纤芯的二氧化硅中，完成这段距离需要几千个小时甚至于几年，时间上是取决于环境温度和压力，温度越高，压力越大，扩散系数越大[124]，所需时间越短。在第 3 章已经证明伽马射线辐照和电子辐照时，这两种辐照源能够使石英保偏光纤的辐照诱导损耗在较短时间内升高，尤其是电子辐照，辐照几个小时，就可以使光纤的辐照诱导损耗达到饱和值。所以，必定存在一种效应，能够使 H 粒子扩散系数增大，在较短时间内能够到达石英保偏光纤纤芯部位，这种效应就是辐照增强扩散效应（Irradiation Enhanced Diffusion，简称 IED）。辐照增强扩散是辐照中十分重要的物理现象之一[125]，辐照导致材料中产生过饱和缺陷，缺陷在材料中的扩散系数能够增加几个数量级。而且，辐照导致在材料表面形成的过饱和缺陷可以提供更多的活性物质，从而形成大的浓度梯度，加速扩散。因为伽马射线和电子穿透能力较强，在整个涂覆层内部反应均匀，所以，均能生成 H 粒子。在石英保偏光纤的 SiO_2 纤芯中 H 浓度约为零，这样在整个光纤中

H 的浓度梯度较大,根据扩散理论,必然导致 H 向光纤纤芯内部方向扩散,所以在 SiO_2 纤芯中出现了 H。根据 Trap 理论,同时考虑热和辐照对扩散系数的影响,扩散系数 D(x,t) 具体表达形式为[126]:

$$D(x,t) = \frac{\lambda^2}{6}\left[v_0 exp(-E_T/k_B K) + \frac{JC(x,t)}{N}\right] exp(-E_m/kT) \qquad (4-1)$$

式中　x—— 扩散深度;

t—— 扩散时间;

λ—— 平均自由程;

v_0—— 振动频率;

E_T—— 束缚激活能;

k_B—— 玻尔兹曼常数;

K—— 绝对温度;

J—— 是束流密度;

C—— 脱缚间隙原子浓度;

N—— 原子密度;

E_m—— 扩散激活能。

公式(4-1)中的 $v_0 exp(-E_T/k_B K)$ 一项是热因素对扩散系数的贡献,$\frac{JC(x,t)}{N}$ 一项是辐照对的扩散系数的贡献。由此可见,环境温度升高和辐照,均导致扩散系数增大。因此,根据辐照增强扩散效应,辐照作用可以在较低温度情况下得到较高温情况下的扩散效果。

试验数据表明,辐照注量越大,在材料中同一深度处产生的缺陷浓度越大[39]001631-3。在辐照过程中,H 在 SiO_2 中扩散增强,相对于单纯氢气环境下扩散系数有所增大[127],伽马射线辐照时,同时存在氢气环境,使得氢气向光纤中扩散加快[20]469,而且石英光纤中 1 ppbwt(大约 3.5 ppb. mol) 的 Si - OH 在 1 390 nm 处产生的损耗可高达 54 dB. km^{-1}[32]86。另外,无论是伽马射线还是电子辐照石英保偏光纤,因为辐照粒子质量和体积均比较小,穿透能力却比较强,所以,辐照粒子不仅会与石英保偏光纤涂覆层表面发生反应,而且还能与涂覆层中邻近石英保偏光纤 SiO_2 部分发生反应。石英保偏光纤中 SiO_2 部分半径只有 40 μm,而 H 粒子需要穿越的距离并不是很远,因此,在扩散到纤芯中的 H 不是很多的情况下,与之相应的 Si - OH 缺陷就可以在光纤中产生很大的损耗。

由此可见,伽马射线以及电子辐照石英保偏光纤时,H 能够在较短时间内扩散到纤芯部位,产生 Si - OH 缺陷,从而形成辐照诱导损耗。

4.2.2 SiO_2 中缺陷的形成机制

虽然在以上叙述内容中已经分析了辐照导致光纤各个部位产生的缺陷类型，但是这些缺陷产生机理及演化过程，还需要进一步探讨。

电子、伽马射线和质子辐照石英保偏光纤时，导致光纤纤芯、应力区和包层中的 SiO_2 产生电离效应，可以使 SiO_2 中的 Si – O 键断裂，破坏了 SiO_2 的网状结构，反应过程如下：

$$\equiv Si - O - Si \equiv \xrightarrow{\text{irradiation}} \equiv Si - O^- + \equiv Si^+ \qquad (4-2)$$

从(4 – 2)反应中可以看出，辐照导致在 SiO_2 中形成了结构形式为 $\equiv Si - O^-$ 的 NBO 和结构形式为 $\equiv Si^+$ 的 Si 的 E′ 心，这在 XPS 分析和 EPR 分析结果中已经分别得到证实。

NBO 失去电子，可以形成 OHC 缺陷[77]25，对于在 SiO_2 中的缺陷来说，形成 SiOHC，即 $\equiv Si - O^{\oplus}$ 的形式，这在 EPR 分析中已经得到证实，具体反应如下：

$$\equiv Si - O^- \longrightarrow \equiv Si - O^{\oplus} + 2e^- \qquad (4-3)$$

相同道理，光纤中含有 GeO_2，类似的产生 Ge 的 E′ 心缺陷，这种缺陷在 EPR 分析中已经得到证实。

伽马射线和电子辐照 PMMA 均产生 H 粒子，由于 H 粒子活性很强，一部分 H 粒子在辐照过程中可以通过其他的化学反应而消失，而另一部分可以扩散到纤芯部位，还有一部分 H 粒子转化为 H_2，可以通过扩散作用向光纤内部运动。

H 粒子与部分的 NBO 反应形成 Si – OH，并且在损耗谱、XPS 和 FTIR 分析中已经得到证实，反应过程如下所示[128]：

$$\equiv Si - O^- + H \longrightarrow \equiv Si - OH + e \qquad (4-4)$$

由于辐照作用产生的电离效应，在质子入射路径上形成电子 – 空穴对，质子辐照过程中，慢化的质子捕获电子形成氢原子或者是 H_2，以及电子和伽马射线辐照光纤时的 H 原子转化为 H_2，有微量 H_2 进入光纤纤芯中，与 NBO 反应生成 Si – OH 缺陷[129]27：

$$2 \equiv Si - O^- + H_2 \longrightarrow 2 \equiv Si - OH \qquad (4-5)$$

还有，质子辐照时，没有慢化的质子可以直接与 NBO 反应产生 Si – OH 缺陷：

$$\equiv Si - O^- + H^+ \longrightarrow \equiv Si - OH \qquad (4-6)$$

另外，由于质子辐照因素，导致 PMMA 生成 CO、CH_3OH、C_2H_2 和 H_2O[129]，还会产生 H_2[130]。质子辐照是在真空环境下进行的，真空泵始终在工作状态，光纤外界的气压比较低，PMMA 表面产生的 H_2 能够被真空泵抽走，所以，对于光纤辐照诱导损耗的影响可以被忽略。但是，PMMA 内部尤其是邻近光纤包层部位形成的 H_2 仅有微量进入光纤纤芯中,形成 Si - OH 缺陷。

对于质子辐照石英保偏光纤后在纤芯和包层部位形成 Si - OH 缺陷,也可以利用质子直接辐照石英玻璃前后的透过率分析结果加以证实。石英玻璃被质子辐照前后透过率和吸收谱如图 4 - 26 所示,其中图 4 - 26a) 是透过率,图 4 - 26b) 是吸收谱,质子能量为 170 keV,注量分别为 $1.00 \times 10^{16}\ cm^{-2}$ 和 $1.50 \times 10^{16}\ cm^{-2}$。

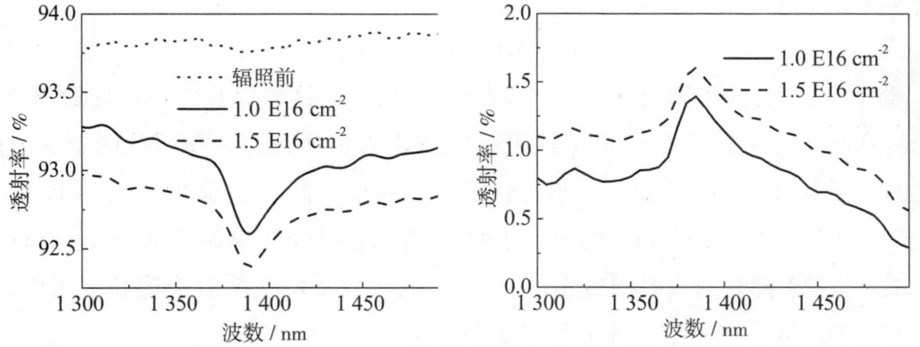

a) 透过率　　b) 吸收谱

图 4 - 26　石英玻璃质子辐照前后透过率和吸收谱

从图 4 - 26a) 中可以看出,在 1 300 ~ 1 500 nm 的红外波段内,1 390 nm 波长处的透过率随质子辐照注量增加而明显降低,这是由于质子辐照石英玻璃,形成 Si - OH 缺陷浓度增加所导致的。图 4 - 26b) 进一步说明随着质子辐照注量增加,Si - OH 缺陷浓度相应增加。

由此可见,电子和伽马射线辐照光纤时,可以通过(4 - 4) 和(4 - 5) 反应方式生成 Si - OH 缺陷;质子辐照光纤时,可以通过(4 - 5) 和(4 - 6) 反应方式生成 Si - OH 缺陷。因为两种石英保偏光纤中含有 Ge,与 SiO_2 类似的反应过程,所以,能够形成 Ge - OH 缺陷。

扩散进来的 H 以及未慢化的质子还可以与 Si 的 E′ 心反应生成 Si - H 缺陷,具体反映如下:

$$\equiv Si^{+} + H + e \longrightarrow \equiv Si - H \tag{4-7}$$

$$\equiv Si^{+} + H^{+} + 2e \longrightarrow \equiv Si - H \tag{4-8}$$

"一" 字型石英保偏光纤质子辐照后的 XPS Si 2p 解析谱证实了 Si - H 缺陷的存在,但是 Si - H 缺陷却没有在其他辐照源作用后被发现,在"熊猫" 型石英保偏光纤辐照后也未能检测到 Si - H 缺陷,这是因为 Si - H 缺陷浓度较低,在 XPS Si 2p 解析谱中的信号较弱,被掩盖在噪声中,而且"一" 字型石英保偏光纤质子辐照后的 XPS Si 2p 解析谱中 Si - H 解析谱的积分面积较小。所以,光纤中形成 Si - H 缺陷的概率和浓度比较低,发生如(4 - 8) 式和(4 - 7) 式所示的反应可能性较低。

4.2.3 Si－OH缺陷累积过程

辐照导致光纤形成1 310 nm处的辐照诱导损耗，这是因为辐照的作用在光纤纤芯中形成Si－OH缺陷所导致的。实际上，在辐照过程中，材料的辐照效应是一个非常复杂的过程，辐照缺陷存在产生和湮灭两个过程。在辐照过程中，Si－OH缺陷会发生如下湮灭反应[131]：

$$\equiv Si-OH \rightarrow \equiv SiO^- + H^+ \tag{4-9}$$

部分Si－OH缺陷湮灭、Si－OH缺陷浓度降低，必然导致1 310 nm处的辐照诱导损耗降低。在室温环境下，电子辐照后"熊猫"型石英光纤衰减系数随退火时间变化的关系如图4－27所示。由此可见，"熊猫"型石英保偏光纤在能量为160 keV、注量为$7\times10^{15}cm^{-2}$的电子辐照后，在室温环境下衰减系数（辐照时称为辐照诱导损耗）随着退火时间首先是急剧下降，随后下降变缓直至饱和。所以，证实了Si－OH缺陷在一定条件下存在湮灭过程。

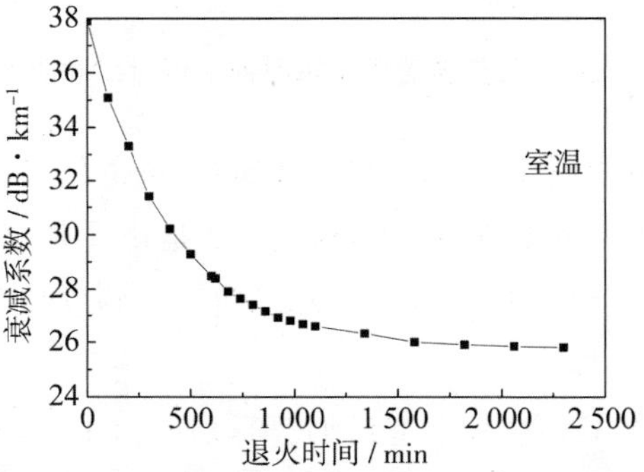

图4－27 电子辐照后"熊猫"型石英光纤衰减系数随退火时间变化的关系

Si－OH缺陷湮灭的产物还会进一步反应，因为缺陷存在热运动，所以，其中的NBO能够与周围的Si的E′心结合，重新形成SiO_2桥氧结构，反应过程如下：

$$\equiv Si-O^- + \equiv Si^+ \longrightarrow \equiv Si-O-Si\equiv \tag{4-10}$$

Si－OH缺陷湮灭产生的质子捕获周围的电子，形成H_2，扩散到光纤包层甚至光纤之外，具体化学反应如下：

$$2H^+ + 2e \longrightarrow H_2 \tag{4-11}$$

由此可见，在辐照的过程中，Si－OH缺陷形成的同时也存在湮灭过程，这两个过程存在相互竞争，Si－OH缺陷浓度是这两个过程共同累积的效果。所以，石英保偏光纤纤芯中的Si－OH缺陷在一定条件下存在极大值，导致在一定剂量（注量）粒子辐照后，在试验数据上显示光纤的辐照诱导损耗达到饱和值。因为辐照作用产生的电离效应，在光纤中诱导形成电子－空穴对，在一定时间内、一定区域内必定有负电荷和正电荷区域，所以，NBO 和 Si 的 E′ 心结构还会存在一些，并不能够完全变成其他缺陷，同样，Si - OH 缺陷也不会因为退火完全消失，这在损耗谱、EPR 和 XPS 分析结果中已经得到证实。

形成缺陷的过程中，缺陷形成的数量与辐照量成正比。对于相同材料，缺陷湮灭系数与温度有关，具体关系如下[132]：

$$R = ve^{-\frac{E_a}{k_B k}} \tag{4-12}$$

式中　R—— 缺陷湮灭系数；

v—— 频率因子；

E_a—— 热量消除缺陷激活能。

在进行伽马射线辐照试验时，由于试验是在空气环境中进行的，其传热方式主要为空气对流，因此传热效果优异。被剂量率为 4 270 rad · h^{-1} 和 670 rad · h^{-1} 伽马射线辐照的两盘光纤同处一个辐照室，温度相同，由(4 - 12) 式可以得知缺陷湮灭的速率也应该相同，所以，在相同时间内辐照，由于缺陷湮灭作用导致光纤辐照诱导损耗的下降值相同。但是，在相同时间内，相对于剂量率为 4 270 rad · h^{-1} 的伽马射线辐照而言，剂量率为 670 rad · h^{-1} 的伽马射线辐照导致光纤中生成的缺陷数量较少，因此在相同剂量伽马射线辐照情况下，在宏观上表现出来的特点是剂量率为 4 270 rad · h^{-1} 的辐照诱导损耗比剂量率为 670 rad · h^{-1} 的辐照诱导损耗较大。相同道理，相同注量、不同束流密度电子辐照时，光纤辐照诱导损耗会存在差异。虽然，160 keV 电子两种束流密度比值(0. 3 μA · cm^{-2}/0. 03 μA · cm^{-2} = 10) 比伽马射线两种剂量率比值(4 270 rad · h^{-1}/670 rad · h^{-1} ≈ 6. 37) 大。但是，能量为 160 keV 的电子辐照是在真空环境下进行的，长波红外辐射是传热的主要方式，对流形式传热效果甚微，靶源材料散热效果较差。与较低束流密度辐照情况比较，较高束流密度辐照时，在单位时间内有更多数量的电子与靶材发生相互作用，其中相当一部分电子能量转化为热能，使靶源材料温度更高，从而增加了缺陷的湮灭效果。所以，与利用相同注量、不同电子束流密度辐照光纤情况相比较，相同剂量、不同剂量率伽马射线辐照光纤产生的辐照诱导损耗差异更加显著。

一定功率的光注入光纤后，光源提供部分能量使 Si - OH 缺陷加速湮灭，产生光漂白作用，由此单位时间内缺陷的湮灭数量增加，在光纤中累积的缺陷数量减少，导致光纤辐照损伤减小，增加了光纤辐照诱导损耗的恢复作用，所以，两种石英保偏光纤在相同参数辐照时，原位通光测量的辐照诱导损耗比离线不通光测量的辐照诱导损耗小。

所以，正是由于 Si - OH 缺陷在辐照过程中存在累积效应，导致环境温度、剂量率(或束流密度) 和是否通光对辐照诱导损耗产生影响。

4.3 辐照导致缺陷在光纤中的分布

上述内容虽然探讨了辐照导致光纤中产生的缺陷类型和演化规律，但是，在光纤不同部位，尤其是在光纤纤芯和包层中缺陷浓度分布，还需要进一步探讨。在蒙特卡洛(Monte - Carlo) 理论指导下，通过辐照模拟软件计算，可以获得能量损失随材料深度分布的状况，由此可以得出缺陷浓度随材料深度分布的状况。跟踪入射粒子在材料中的输运过程，分析不同能量质子和电子在光纤中能量损失和缺陷浓度分布，对于研究光纤辐照效应及损伤机理，有着重要的价值。典型的模拟计算软件包括SRIM和CASINO，其中SRIM软件能够模拟质子在光纤中的电离以及位移能损随入射深度的分布状况，CASINO 程序能够模拟电子在光纤中的能量损失分布。

4.3.1 质子辐照导致缺陷在光纤中的分布

在 SRIM 模拟计算时，要考虑靶材的化学成分和密度[133]。虽然本论文选用两种石英保偏光纤的包层、应力区和纤芯掺有杂质，但是杂质浓度比较低，对光纤密度的影响可以不计，杂质对质子能量损失分布的影响可以忽略，因此，可以将该部分整体作为 SiO_2 处理。对于涂覆层材料 PMMA，分子式直接用结构单元表示，密度仍然是材料本身的密度，这样处理不影响质子能量沉积分布。本文选用的国产“熊猫”型和“一”字型石英保偏光纤涂覆层和包层直径相同，所以，结合石英保偏光纤自身结构，可以把这两种石英保偏光纤简化为如图 4 - 28 所示的结构模型。

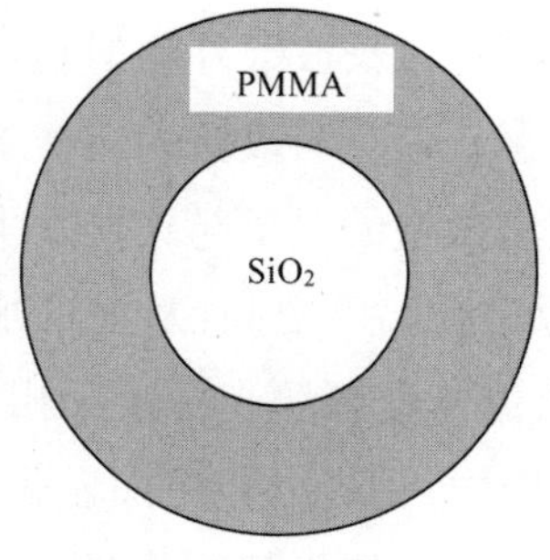

图 4 - 28　简化的石英光纤结构模型

其中纤芯、包层及内部应力区均为 SiO_2，其直径为 80 μm，密度为 2.32 g · cm^{-3}；涂覆层为 PMMA，分子式为 $C_5H_8O_2$，密度为 1.22 g · cm^{-3}，其外直径为 160 μm，内直径为 80 μm。

模拟计算时，质子垂直光纤表面，只考虑沿着光纤直径方向进入，相当于质子穿过一个三层膜结构，具体效果如图 4 - 29 所示。

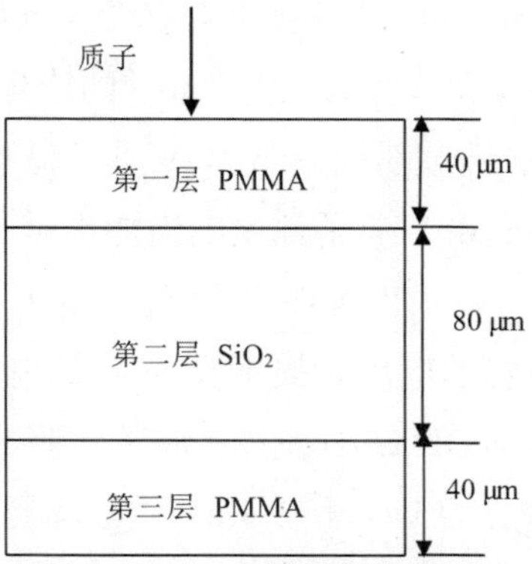

图4-29　三层膜结构模型

因为光是在光纤纤芯中传播,所以,光纤纤芯部分的损伤是影响光纤辐照诱导损耗变化的关键因素。电离能损是辐照导致在材料中形成缺陷的重要源头,可以造成材料性能下降。应用SRIM2006软件模拟质子在光纤中的能量损失分布,入射质子的能量分别是170 keV、2 MeV、2.5 MeV、3.5 MeV、5 MeV和10 MeV,入射角度为0,粒子个数为10^5,不同能量质子在光纤中的电离能损随入射深度的分布如图4-30所示。

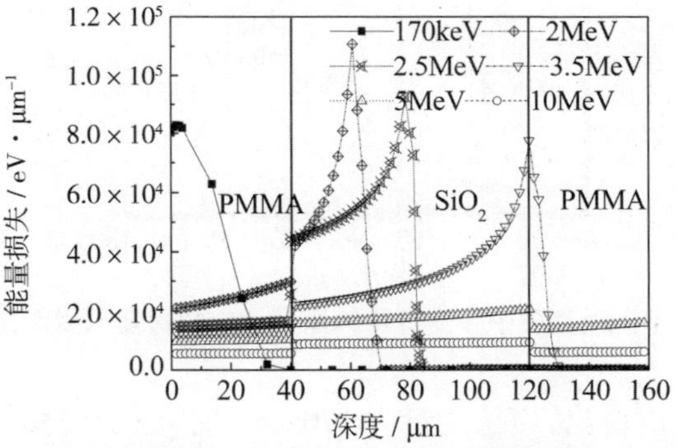

图4-30　不同能量质子在石英光纤中的电离能损随入射深度的分布

本书所研究的两种国产石英保偏光纤纤芯部位在离表面80 μm左右的部位,其直径在10 μm以下,所以,可以直接认为离表面80 μm的地方就是纤芯中心。从图中可以看出,不同能量质子在光纤中的电离能损随入射深度的分布有所不同。质子能量为170 keV时,电离能损主要分布在涂覆层区域内,并且在这个区域内能量基本上已经完全损耗,而对于SiO_2的区域,也就没有能量损耗。质子能量为2 MeV时,电离能损主要在涂覆层和一部分SiO_2区域内,其中在电离能损分布的SiO_2区域是在离光纤表面40～60 μm范围内,但是在纤芯部位(距离光纤表面80 μm)没有电离能损。所以,170 keV和2 MeV质子辐照光纤时,在纤芯内部不能形成辐照缺陷,从而不能够产生辐照诱导损耗。质子能量为2.5 MeV时,电离能损耗主要分布在距离光纤表面 0 ~ 80 μm 之间,能量损失峰在距离光纤表面 80 μm 处,随着入射深度的延伸,能量损失急剧下降。所以,2.5 MeV 的能量是质子辐照对光纤产生辐照诱导损耗的能量阈值。在纤芯部位,3.5 MeV 质子辐照的电离能损是5 MeV 质子辐照电离能损的 8 倍左右,5 MeV 质子辐照电离能损是 10 MeV 质子辐照电离能损的 2 倍左右。而且,从图 4 - 30 中也可以看出,能量为 3.5 MeV、5 MeV 和 10 MeV 的质子辐照时,涂覆层中有机物的电离能损不及 SiO_2 的电离能损严重。虽然 H_2 也可以直接与 SiO_2 反应生成 Si - OH 缺陷,但是,质子辐照 PMMA 形成的 H_2 数量比较少,扩散系数比较低。另外,170 keV 和 2 MeV 质子辐照时,并没有产生辐照诱导损耗,这是由于在纤芯中没有形成 NBO,无法形成 Si - OH 缺陷。所以,在纤芯中形成 Si - OH 缺陷必须有 NBO 参与反应。

除去占主要部分的电离能损之外,位移能损的影响也不能完全忽略。不同能量质子在光纤中的原子位移数目随入射深度的分布如图 4 - 31 所示,质子能量分别为 170 keV、2 MeV、2.5 MeV、3.5 MeV、5 MeV 和 10 MeV。

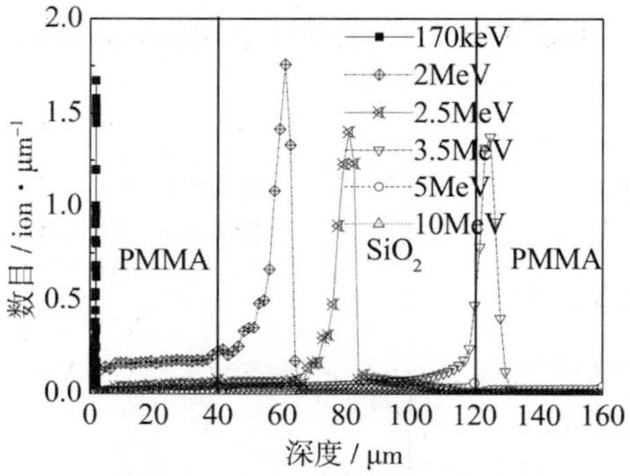

图 4 - 31　不同能量质子在光纤中的原子位移数目随入射深度的分布

从图 4 - 31 中可以看出,质子能量为 170 keV 时,原子位移数目分布在离涂覆层表面约为 0 ~ 2 μm 的部位,在石英保偏光纤 SiO_2 的部位没有原子位移数目分布。质子能量为 2 MeV 时,原子位移数目分布在距离光纤表面 0 ~ 60 μm 处,在光纤纤芯部位没有原子位移数目分布。质子能量为 2.5 MeV 时,原子位移数目主要分布在距离光纤表面 0 ~ 80 μm 之间,能量损失峰在距离光纤表面 80 μm 处,随着入射深度的延伸,能量损失急剧下降。所以,进一步说明了 2.5 MeV 的能量是质子辐照对光纤产生辐照诱导损耗的能量阈值。纤芯中心离涂覆层外表面的距离是 80 μm,其他能量质子辐照时,在这个深度位置的原子位移数目分布状况是:质子能量为 3.5 MeV 时原子位移数目要比 5 MeV 和 10 MeV 时均多 10 余倍,而且质子能量为 5 MeV 时原子位移数目比 10 MeV 时多。

能量损失越严重,则形成的缺陷浓度越大,综上所述,无论是电离损伤还是位移损伤，在光纤纤芯部位形成的缺陷浓度分布情况为：能量为3.5 MeV的质子辐照时都要比5 MeV和10 MeV大，能量为170 keV和2 MeV的质子辐照时在光纤纤芯处形成缺陷浓度为0，2.5 MeV的质子能量是能否导致两种国产石英保偏光纤产生辐照诱导损耗的能量阈值。

以"一"字型石英保偏光纤为例，在光纤纤芯处能量损失的差异导致光纤辐照诱导损耗的饱和值对比如表4－2所示，在相同注量情况下，3.5 MeV质子比5 MeV和10 MeV质子辐照在光纤纤芯中产生的缺陷多，导致在1 310 nm工作波长处的辐照诱导损耗最大，光纤辐照诱导损耗的饱和值也最大，但是达到饱和值所需要的辐照注量最小。

表4－2　辐照诱导损耗饱和值对比

质子能量/MeV	饱和值/$dB\cdot km^{-1}$	饱和值的注量/cm^{-2}
0.17	0	/
2	0	/
3.5	700	2.50×10^{12}
5	670	2.75×10^{12}
10	630	3.00×10^{12}

所以，质子辐照光纤时，可以借助SRIM模拟软件计算选择质子能量和分析相应不同能量质子辐照导致的性能退化规律。

4.3.2　电子辐照导致缺陷在光纤中的分布

利用CASINO程序模拟电子在光纤中的能量损失分布，电子能量分布为50 keV、100 keV、160 keV和1 MeV，跟踪记录2 000个电子，入射角度为0，对于单根光纤，因为半径只有80 μm，选择电子束半径为100 μm，完全足够模拟电子辐照光纤条件下沿径向的能量损失分布。

利用CASINO软件对电子能量损失分布进行模拟时，光纤简化模型与图4－28和图4－29完全一样。用CASINO程序模拟能量为50 keV电子辐照光纤条件下沿径向的能量损失分布如图4－32所示，50 keV电子辐照时，能量损失分布在距离光纤表面0～2 900 nm之间，涂覆层半径为4 000 nm，即对光纤损伤基本位于涂覆层部位，对纤芯和包层不产生损伤。

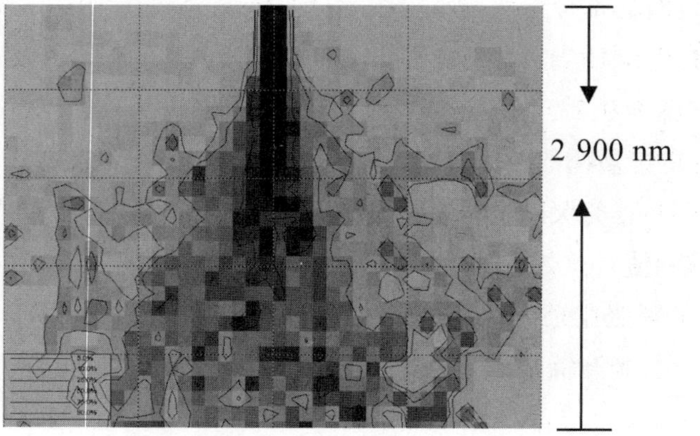

图 4 - 32　50 keV 电子辐照石英光纤时入射电子能量损失分布

利用 CASINO 软件模拟能量为 100 keV 电子辐照光纤条件下沿径向的能量损失分布，再与光纤简化的结构模型结合在一起，形成如图 4 - 33 所示的分布状况。

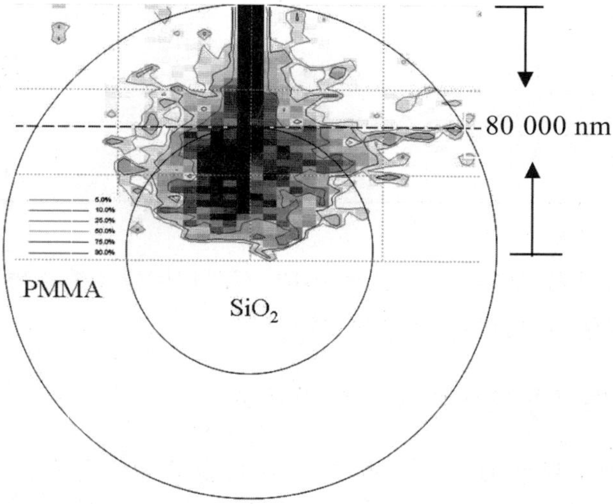

图 4 - 33　100 keV 电子辐照石英光纤时入射电子能量损失分布

由图可见，100 keV 电子辐照时，能量损失分布在距离光纤表面 0 ~ 80 000 nm 之间，光纤纤芯距离涂覆层表面 80 000 nm，即对光纤纤芯部位基本上没有损伤。因为只有辐照电子能量进一步增加，才能对光纤纤芯部位产生损伤，所以，100 keV 的能量是电子辐照对光纤产生辐照诱导损耗的能量阈值。

利用 CASINO 软件模拟 160 keV 电子辐照光纤条件下沿径向的能量损失分布，再与光纤简化的结构模型结合在一起，形成如图 4 - 34 所示的分布状况。分析发现，电子的能量损失主要是分布在入射方向上的一个管道区域内，辐照电子完全可以击穿涂覆层和纤芯，涂覆层PMMA内吸收了5% ~ 25%的电子能量，在SiO_2部分吸收的能量大部分在75%以上，局部达到90%。由此可见，电子辐照时，PMMA部分和SiO_2部分都有能量损失，但是，相比较而言，SiO_2部分能量损失更严重。

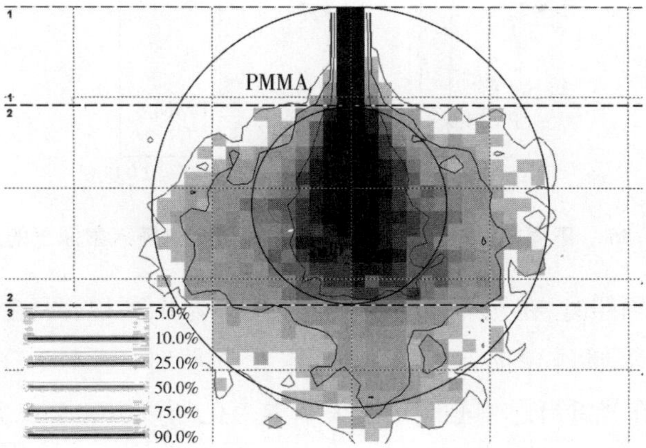

图4－34　160 keV电子辐照石英光纤时入射电子能量损失分布

利用程序，模拟能量为电子辐照光纤条件下能量损失沿径向分布如图4－35所示。

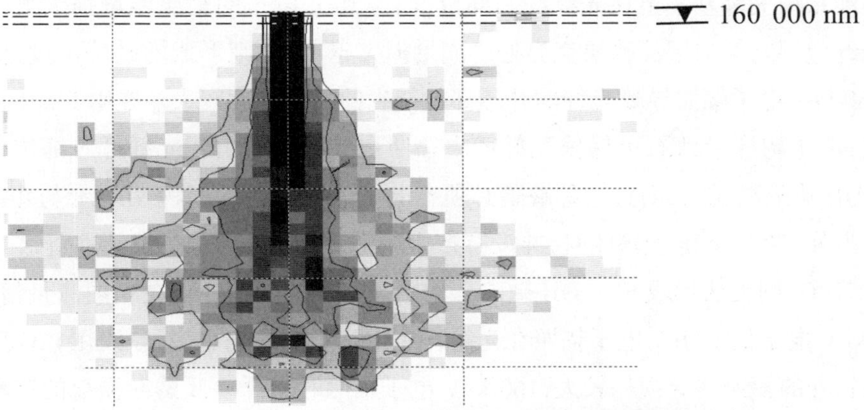

图4－35　1 MeV电子辐照石英光纤时入射电子能量损失分布

从中可以看出，1 MeV电子辐照时，与160 keV电子辐照是类似：电子的能量损失主要是分布在入射方向上的一个管道区域内，辐照电子完全可以击穿纤芯和第二层涂覆层。但是，由于1 MeV电子辐照时入射深度较大，很难清晰分辨出石英保偏光纤纤芯和涂覆层部位能量损失分布。

石英保偏光纤受电子辐照时辐照诱导损耗随辐照注量增加而增加，是由于纤芯部分受到损伤所导致的。为了更加形象和清楚的描述石英保偏光纤各个部位的能量损失分布状况，如图4－36所示，电子从左边涂覆层进入，用具体数据来描述不同能量电子在石英保偏光纤中能量损失随入射深度的分布情况。

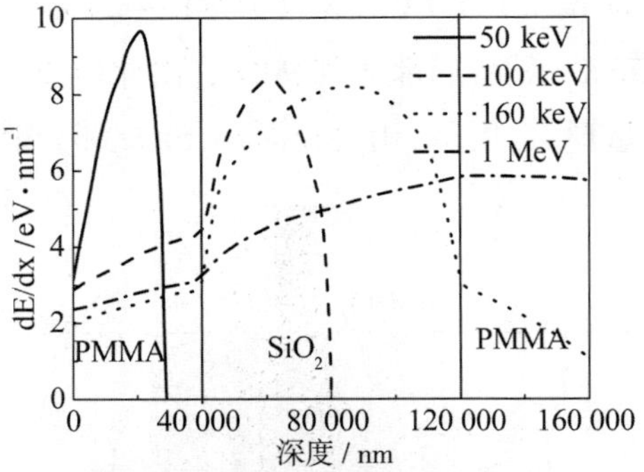

图 4 - 36　不同能量电子在石英光纤中能量损失随入射深度的分布

50 keV 电子辐照时,在光纤纤芯部位能量损失为 0,所以,不能导致两种国产石英保偏光纤产生辐照诱导损耗。100 keV 电子辐照时,基本上在距离光纤表面 80 000 nm 处,即在光纤纤芯中心能量损失基本为 0,所以,100 keV 是电子辐照导致两种国产石英保偏光纤产生辐照诱导损耗的能量阈值。虽然 1 MeV 比 160 keV 电子辐照在涂覆层部位产生的电子能量损失稍微严重,但是,在光纤纤芯部位,能量为 160 keV 电子的辐照比能量为 1 MeV 电子的辐照能量损失严重,160 keV 电子辐照的能量损失峰基本上在光纤纤芯部位,而 1 MeV 电子的辐照能量损失大部分位于光纤包层与第二层涂覆层交界处。能量损失越严重,则形成的缺陷浓度越大,因此160 keV 电子辐照导致光纤的纤芯部位产生的缺陷浓度较大。在4. 1 节中已经讨论过,电子辐照导致石英保偏光纤产生辐照诱导损耗是由于光纤纤芯部位存在的 Si - OH 缺陷造成的,而且这种缺陷必须有电子辐照 SiO_2 的产物 NBO 参与才能够生成。另外,50 keV 电子辐照时,并没有产生辐照诱导损耗,这是由于在纤芯中没有产生 NBO,则无法形成 Si - OH 缺陷。由图 4 - 35 可以说明,在相同注量情况下,160 keV 电子比 1 MeV 电子辐照在光纤纤芯中产生的缺陷更多,导致在 1 310 nm 工作波长处的辐照诱导损耗较大,160 keV 电子辐照时光纤辐照诱导损耗的饱和值也大,但是达到饱和值所需要的辐照注量较小,具体数值如表 4 - 3 所示。

表 4 - 3　辐照诱导损耗饱和值与注量数据

光纤类型	电子能量 /MeV	饱和值 /dB · km^{-1}	注量 /cm^{-2}
“一”字型	0. 05	0	/
	0. 16	265	3.88×10^{14}
	1	180	8.94×10^{14}
“熊猫”型	0. 05	0	/
	0. 16	37. 6	6.90×10^{15}
	1	18. 2	1.35×10^{16}

所以,电子辐照光纤时,可以借助CASINO模拟软件计算,对辐照电子能量选择和对相应不同能量电子辐照导致性能退化的规律进行分析。

4.4 石英保偏光纤辐照效应比较及机理分析

本节在研究辐照诱导损耗试验数据的基础上,着重讨论辐照因素和光纤类型导致辐照效应的差异,阐述其差异产生的机理。

4.4.1 *石英保偏光纤辐照效应比较*

光纤性能退化规律与辐照粒子类型、能量以及光纤自身类型和生产工艺有关,在试验数据上显示出明显的差别,接下来讨论这些差异。如图4－37所示,辐照质子能量为3.5 MeV时,在相同注量质子辐照条件下,“一”字型石英保偏光纤辐照诱导损耗比“熊猫”型石英保偏光纤辐照诱导损耗大一个数量级,而且“一”字型石英保偏光纤辐照诱导损耗达到饱和值所需要的辐照剂量小一个数量级。另外,在这两种光纤辐照诱导损耗均没有达到饱和时,在相同注量质子辐照下,“一”字型石英保偏光纤的辐照诱导损耗比“熊猫”型石英保偏光纤的辐照诱导损耗大。由于能量为170 keV和2 MeV的质子辐照光纤时均没有产生辐照诱导损耗,所以,忽略其辐照效应,对于能量为5 MeV和10 MeV质子辐照这两种石英保偏光纤的辐照诱导损耗变化规律,与3.5 MeV时类似,在这里就不再赘述。所以,质子辐照条件下,“一”字型石英保偏光纤抗辐照能力比“熊猫”型石英保偏光纤抗辐照能力差。

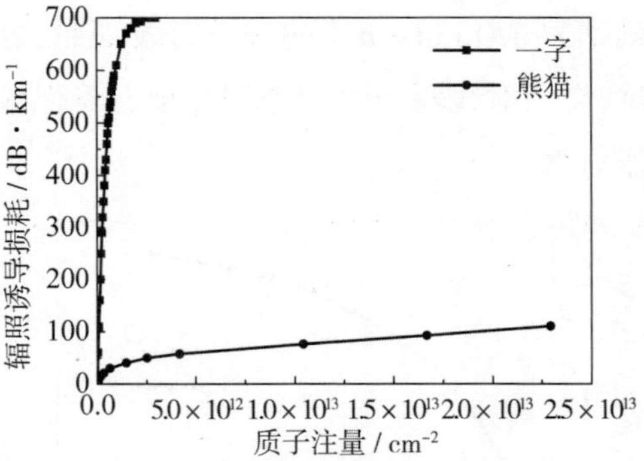

图4－37 “一”字型和“熊猫”型石英光纤辐照诱导损耗随质子注量的变化关系对比

“一”字型和“熊猫”型石英保偏光纤辐照诱导损耗随160 keV电子注量的变化关系如图4－38所示,其中束流密度为0.3 $\mu A \cdot cm^{-2}$。

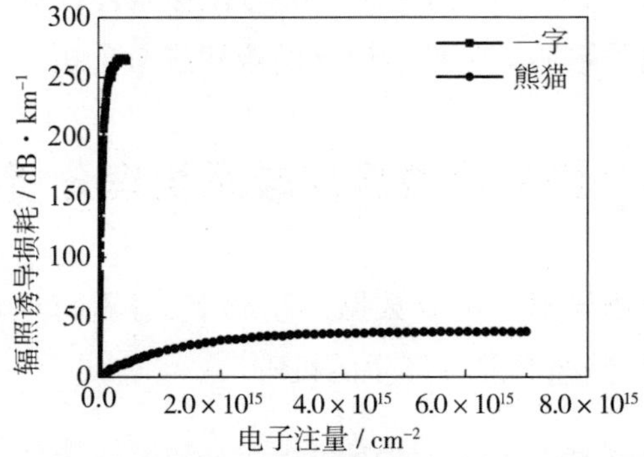

图 4－38　“一”字型和“熊猫”型石英光纤辐照诱导损耗随 160 keV 电子辐照注量的变化关系

这两种石英保偏光纤的辐照诱导损耗均达到饱和值，“一”字型石英保偏光纤的饱和值比“熊猫”型石英保偏光纤的饱和值大一个数量级，但是辐照诱导损耗达到饱和值时所需要电子的注量小一个数量级。另外，在这两种光纤辐照诱导损耗均没有达到饱和时，在相同注量电子辐照下，“一”字型石英保偏光纤的辐照诱导损耗比“熊猫”型石英保偏光纤的辐照诱导损耗大。能量为 1 MeV 电子和能量为 160 keV、束流密度为 0.03 $\mu A \cdot cm^{-2}$ 电子辐照时，也有类似的规律。由于能量为 50 keV 电子辐照光纤时没有产生辐照诱导损耗，所以，忽略其辐照效应。由此可见，电子辐照时，“熊猫”型比“一”字型石英保偏光纤抗辐照能力强。

“一”字型和“熊猫”型石英保偏光纤辐照诱导损耗随伽马射线辐照剂量的变化关系如图 4－39 所示，其中剂量率为 4 270 $rad \cdot h^{-1}$。相同剂量伽马射线辐照情况下，“一”字型石英保偏光纤比“熊猫”型石英保偏光纤的辐照诱导损耗大，而且辐照诱导损耗饱和值大一个数量级，辐照诱导损耗达到饱和值所需要的辐照剂量小一个数量级。对于剂量率为 670 $rad \cdot h^{-1}$ 的伽马射线辐照，也有类似的差异，在这里不再赘述。由此可见，伽马射线辐照时，“熊猫”型石英保偏光纤也比“一”字型石英保偏光纤抗辐照能力强。

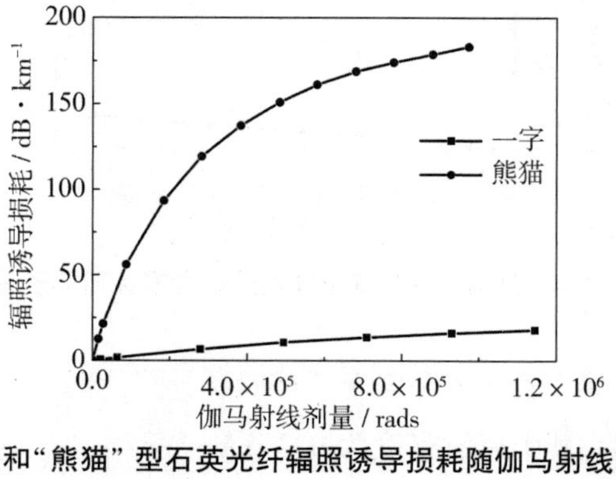

图 4－39　“一”字型和“熊猫”型石英光纤辐照诱导损耗随伽马射线辐照剂量的变化关系

由此可见,质子、电子和伽马射线辐照条件下,“熊猫”型石英保偏光纤显示出较为优异的抗辐照特性。

以“一”字型石英保偏光纤为例,不同粒子辐照诱导损耗饱和值如表4－4所示。虽然伽马射线、电子和质子辐照均导致光纤产生辐照诱导损耗,并且达到饱和值,但是,达到饱和值的大小不一样:三种辐照源中,除去能量170 keV和2 MeV的质子辐照不产生辐照诱导损耗以外,质子辐照导致的辐照诱导损耗饱和值最大(辐照诱导损耗饱和值为700 $dB\cdot km^{-1}$),而且不同能量质子辐照也有差异,3.5 MeV质子辐照时辐照诱导损耗饱和值为700 $dB\cdot km^{-1}$,5 MeV次之,辐照诱导损耗饱和值为680 $dB\cdot km^{-1}$,10 MeV最小,辐照诱导损耗饱和值为630 $dB\cdot km^{-1}$;电子辐照时,能量为160 keV的电子辐照导致的辐照诱导损耗饱和值(265 $dB\cdot km^{-1}$)比能量为1 MeV的电子辐照导致的辐照诱导损耗饱和值(181 $dB\cdot km^{-1}$)大。另外,能量为50 keV的电子辐照时,由于未能超过能量阈值100 keV,其辐照诱导损耗饱和值为0 $dB\cdot km^{-1}$。而1 MeV电子辐照与伽马射线辐照导致的辐照诱导损耗饱和值(182 $dB\cdot km^{-1}$)相接近。

表4－4　不同粒子辐照诱导损耗饱和值

辐照源	能量/MeV	辐照诱导损耗饱和值/$dB\cdot km^{-1}$
伽马射线	1.22	182
电子	0.05	0
	0.16	265
	1	181
质子	0.17	0
	2.00	0
	3.50	700
	5.00	680
	10.00	630

对于“熊猫”型石英保偏光纤在不同能量、不同类型粒子辐照时,也有类似的规律,在这里不再赘述。由此可见,不同能量、不同类型粒子辐照时,光纤性能退化规律存在差异。

4.4.2　辐照效应差异的机理分析

试验结果表明,无论是质子、电子还是伽马射线辐照,“熊猫”型石英保偏光纤均比“一”字型石英保偏光纤抗辐照能力强,即更加适合在恶劣辐照环境中应用。下面,将讨论“熊猫”型石英保偏光纤相对抗辐照能力强的机理。

首先,不同工艺制造的光纤抗辐照性能也有所不同。“熊猫”型石英保偏光纤是应用 PCVD 工艺制造的,“一”字型石英保偏光纤是应用 MCVD 工艺制造的。在光纤制造过程中,由于氟利昂(C_2F_6)和 O_2 的存在,在光纤内部能够形成 SiF_4 杂质,反应过程如下[134]:

$$\equiv Si - O - Si \equiv + C_2F_6 + O_2 \rightarrow F - Si \equiv + CO_2 \tag{4-13}$$

由于PCVD工艺使用低温等离子体技术,可以保证 SiO_2 以玻璃态形式直接沉积,每层沉积厚度小于 0.1 μm,沉积层数在 1 000 以上;另外,PCVD 工艺以微波电磁场形式提供能量,极大地提高了能量耦合的效率,物质反应率基本达到 100%,能够更加有效地在光纤中掺入 F 而形成 SiF_4。而利用 MCVD 工艺制造光纤时,沉积物是半烧结的粉末状态,每层沉积厚度大于 0.8 μm,沉积层数在 100 以下,物质反应率较低,很难有效地在光纤中掺入 F 杂质而形成 SiF_4。F 杂质可以有效消除辐照生成的 Si - OH 缺陷,具体的反应如下所示[135]:

$$\equiv Si - OH + F - Si \equiv \rightarrow \equiv Si - O - Si \equiv + 2HF \tag{4-14}$$

由反应式(4 - 14)可知,由于 F 杂质的存在,能够消除 Si - OH 缺陷,其中生成物 HF 以气体的形式扩散到光纤外部,F 杂质浓度大幅减少,这在“熊猫”型石英保偏光纤辐照后 FTIR 和 XPS 分析中已经得到证明。并且产生桥氧结构的 SiO_2。有研究表明,与没有掺入 F 的光纤相比,掺入 0.5 mol%F 的石英光纤在 1 390 nm 处的原始衰减系数低一个数量级[136]。对于“一”字型石英保偏光纤,虽然在制造过程中也存在 C_2F_6 气体,但是由于 MCVD 工艺沉积速率快,与 SiO_2 反应相对不充分,产生的 SiF_4 杂质较少,并且会与制造光纤时产生的 Si - OH 缺陷反应而部分的消失。而 PCVD 工艺沉积速度慢,与 SiO_2 反应相对充分,产生的 SiF_4 杂质浓度较大,虽然也会因为与制造光纤时产生的 Si - OH 缺陷反应而消失一部分,但是仍然存在一部分剩余 SiF_4,这在“熊猫”型石英保偏光纤辐照前 FTIR 和 XPS 分析中已经得到证明。如表 4 - 5 所示,“一”字型石英保偏光纤 1 310 nm 的原始衰减系数也比“熊猫”型石英保偏光纤 1 310 nm 的原始衰减系数大一倍,也说明“一”字型石英保偏光纤纤芯中含有的 Si - OH 浓度较“熊猫”型石英保偏光纤大,证明了 F 杂质具有消除 Si - OH 缺陷的能力。所以,在辐照过程中,Si - OH 缺陷与 F 杂质反应而消失,导致“熊猫”型石英保偏光纤辐照诱导损耗比“一”字型石英保偏光纤辐照诱导损耗低,是“熊猫”型石英保偏光纤抗辐照能力强的主要原因。

表 4-5　辐照前不同石英光纤衰减系数对比

光纤类型	1 310 衰减系数 /dB · km^{-1}
“熊猫”	0.426
“一”字	0.850

而且 PCVD 工艺原料沉积速率比较低，微波谐振腔可以高速沿沉积管轴向运动，使沉积稳定、均匀和连续。气体原料流量控制相对比较精确，使得每单层沉积均匀与沉积层间折射率分布连续和平滑，导致光纤折射率分布较为精确。而应用 MCVD 工艺制造光纤时，总沉积层数一般在 100 以下，沉积层之间界线痕迹较为明显，折射率控制相对不精确。由此可见，PCVD 工艺制造的光纤折射率比 MCVD 工艺制造的光纤折射率分布得更精确，从而使光纤的抗辐照特性得到提高[59]060601-2。

另外，利用 PCVD 工艺制造光纤时，还可以相对 MCVD 减少拉丝过程中形成的应力键和断键，对于降低光纤的本征损耗、提高其抗辐照能力有重要作用。

光纤结构不完善，光传输时就会有一部分光改变传输方向，产生散射损耗，导致传输功率减小。散射损耗是由光纤材料内部的密度不均匀性和杂质缺陷等因素而引起的，还与纤芯和包层交界面平滑度有关。相对来说，PCVD 工艺比 MCVD 工艺完善，光纤结构更加完整，纤芯和包层交界面更加平滑，能够有效地减少散射导致的光损耗。

其次，“熊猫”型石英保偏光纤的应力区含有 GeO_2，“一”字型石英保偏光纤应力区却不含有 GeO_2，其掺杂物只有 B_2O_3。GeO_2 的密度比 B_2O_3 和 SiO_2 的密度均大，能够较为有效地阻碍辐照粒子运动，增加辐照粒子在应力区中能量损失，从而达到减少光纤纤芯部位损伤的效果。而且，“一”字型石英保偏光纤的应力区面积与光纤横截面积的比值小于“熊猫”型石英保偏光纤的比值[134]，这两种光纤直径均是 160 μm，即“一”字型石英保偏光纤的应力区面积比“熊猫”型石英保偏光纤的应力区面积小，更加削弱了“一”字型石英保偏光纤的应力区对辐照粒子的阻止本领，从而增加了光纤纤芯的损伤，产生的辐照诱导损耗较大。

综上分析可知，“熊猫”型石英保偏光纤抗辐照特性比“一”字型石英保偏光纤抗辐照特性强，因而在辐照过程中导致的辐照诱导损耗饱和值较低，辐照诱导损耗达到饱和值所需要的辐照量较大；辐照诱导损耗没有达到饱和值时，在相同辐照条件下，辐照诱导损耗较低。

电子、伽马射线和质子辐照均导致“一”字型和“熊猫”型石英保偏光纤内部 Si - OH 缺陷浓度升高，这是导致辐照诱导损耗增加的关键因素。质子辐照时，光纤内部的 H 主要是质子进入光纤内部与 NBO 反应生成 Si - OH 缺陷；另外，质子辐照 PMMA 时,能够产生 H_2,会有一部分通过扩散进入光纤纤芯部分,反应生成 Si - OH 缺陷;所以,辐照诱导损耗饱和值最大。伽马射线和电子辐照时均在涂覆层中产生 H,并且使在光纤中的 SiO_2 产生断键生成了 NBO 缺陷,H 粒子在扩散过程中部分的转化成 H_2,在扩散的路径上大部分 H 原子损失,只有一小部分的 H 原子或者 H_2 才能与纤芯部位 NBO 缺陷反应生成 Si - OH 缺陷,所以辐照诱导损耗达到的饱和值小于因质子辐照而产生的辐照诱导损耗的饱和值。由图4 - 36可知,由于能量沉积位置的差异,在注量相同情况下,160 keV 电子比 1 MeV 电子辐照在光纤纤芯中产生的缺陷更多,导致光纤的辐照诱导损耗饱和值大。另外,Co^{60} 放射产生两束伽马射线,能量分别为 1.17 MeV 和 1.33 MeV,这两个能量的伽马射线在与物质发生相互作用时,产生康普顿效应。靶材原子序数 $Z < 30$ 时(石英保偏光纤材料原子序数 Z 均小于 30),康普顿电子能量以 1 MeV 为主[135],已有研究发现,伽马射线辐照产生的辐照效应与 1 MeV 电子辐照相当[136]。所以,1 MeV 电子辐照与伽马射线辐照导致光纤的辐照诱导损耗饱和值相差不大。

由表4 - 6所示,不同带电粒子在光纤纤芯部位(距离光纤表面 80 μm)的能量损失不同,分别考虑质子能量为 170 keV、2 MeV、3.5 MeV、5 MeV 和 10 MeV,以及电子能量为 50 keV、160 keV 和 1 MeV。能量为 50 keV 电子辐照时,在光纤纤芯部位能量损失均为 0,能量为 160 keV 的电子辐照比 1 MeV 电子辐照在光纤纤芯部位能量损失大,所以相同注量电子辐照时,160 keV 的电子辐照导致光纤辐照诱导损耗大,并且辐照诱导损耗饱和值也较大。能量为 170 keV 和 2 MeV 的质子辐照时,在光纤纤芯部位能量损失均为 0,而能量为 3.5 MeV 的质子辐照时导致光纤的能量损失最大,并且在 3.5 MeV、5 MeV 和 10 MeV 三种能量质子辐照下,在光纤纤芯部位的能量损失均比三种能量电子辐照时大,导致辐照诱导损耗饱和值也较大。由此可见,不同类型、不同能量辐照粒子导致石英保偏光纤性能退化有着明显差异。

表4 - 6　不同辐照粒子能量损失

辐照类型	能量/MeV	$-dE/dx/eV \cdot nm^{-1}$
质子	0.17	0
	2.0	0
	3.5	28.717 2
	5	17.537 3
	10	9.043 1
电子	0.50	0
	0.16	8.65
	1	7

第 5 章
石英保偏光纤辐照诱导损耗数学模型

国产保偏光纤辐照效应及其
机理研究

在辐照条件下，石英保偏光纤的光传输特性与辐照粒子的类型、能量和剂量(或注量)及光纤类型等因素有关，光纤在1 310 nm波长处的辐照诱导损耗主要取决于纤芯中Si－OH缺陷的累积过程。本章在研究光纤辐照缺陷形成机理和累积规律的基础上，结合辐照诱导损耗试验数据，运用数学建模方法，将纤芯中Si－OH缺陷累积过程与光纤辐照诱导损耗联系在一起，提出石英保偏光纤辐照诱导损耗变化的数学模型。由于在伽马射线辐照下石英光纤辐照诱导损耗变化有明显的剂量率效应，而在电子和质子辐照下石英光纤辐照诱导损耗主要依赖于辐照粒子的注量和能量，所以，这里针对伽马射线和带电粒子分别探讨数学建模。

5.1 伽马射线辐照诱导损耗数学模型

数学模型是运用数学语言对物理过程的描述，建模过程通常包括模型假设、方程建立、方程求解、模型的检验和修正等，石英保偏光纤中辐照缺陷的形成机制及其对辐照诱导损耗的影响已在前面做了清晰的描述，在伽马射线辐照条件下，重点要考虑剂量率对石英保偏光纤辐照诱导损耗饱和值、辐照诱导损耗达到饱和值所需剂量以及辐照诱导损耗随辐照剂量变化速度的影响。

5.1.1 假设条件

第4章关于辐照损伤机理的研究结果表明，辐照导致石英保偏光纤在1 310 nm波长处辐照诱导损耗的增长是由于纤芯中Si－OH缺陷浓度增加引起的。对于伽马射线辐照，Si－OH缺陷是辐照石英保偏光纤中SiO_2产生的缺陷与涂覆层发生降解的反应物进一步反应生成的。辐照是一个复杂的物理化学过程，辐照过程中在材料中产生缺陷，这些缺陷还可以通过辐照产生和退火湮灭，这两个过程在辐照的过程中同时产生、相互竞争。Si－OH缺陷在室温环境下也并不是稳定的，存在湮灭过程，其湮灭反应过程如下[131]1945：

$$\equiv Si-OH \rightarrow \equiv SiO^{-} + H^{+} \tag{5-1}$$

辐照导致Si－OH缺陷浓度累积存在极大值时，石英保偏光纤在1 310 nm波长处的辐照诱导损耗则表现为在经历一定剂量伽马射线辐照后达到饱和。由此，提出如下几条假设条件：

(1)Si－OH由某些特定的先驱缺陷在辐照过程中生成，属于热力学饱和缺陷。

(2)只研究伽马射线辐照导致石英保偏光纤所产生辐照诱导损耗的条件下，根据试验结果也可以知道，辐照诱导损耗饱和值比光纤的原始衰减系数高2－3个数量级。所以,辐照前石英保偏光纤的衰减系数可以忽略不计,则设定辐照前石英保偏光纤中存在的 Si - OH 缺陷浓度为 $n = 0$。

(3) $f\dot{D}$ 部分表示先驱缺陷转变到 Si - OH 缺陷的单位时间改变系数,R 是 Si - OH 缺陷的单位时间湮灭系数,对于同一种石英保偏光纤而言,R 和 f 是常数,与辐照剂量率无关,并且在整个辐照过程中均是不变值。先驱缺陷的浓度被设定为 P_0,并假设在辐照开始时的 P_0 是一个定值,设同种石英保偏光纤在不同剂量率辐照下的 f、R 和 P_0 的数值相同。

(4) 石英保偏光纤的辐照诱导损耗与整根石英保偏光纤中 Si - OH 浓度成正比,并且已有的研究表明这种假设的正确性[90]064201-2,N 代表"一"字型和"熊猫"型石英保偏光纤 Si - OH 缺陷浓度 n 与辐照诱导损耗 α 的比例系数。

(5) NBO 缺陷是形成 Si - OH 缺陷的前提条件,设定 NBO 为先驱缺陷,NBO 缺陷在辐照过程中迅速形成并达到饱和,忽略辐照所需要的时间。

5.1.2 模型的建立和求解

在模型假设条件的基础上,进一步建立模型方程,并求解,可以获得石英保偏光纤性能退化规律的具体数学模型。P. W. Levy[101]320 提出了一个简单的唯象辐照动力学模型,利用这个模型来描述光学材料缺陷浓度的变化规律。下面方程可以全面描述类型为 i 的缺陷产生和湮灭的竞争过程[82]1947:

$$\frac{dn_i}{dt} = F_i(P_{i0} + K_i t - n_i) - (R_i + U_i)n_i \tag{5-2}$$

式中 n_i—— 类型为 i 缺陷浓度;

t—— 辐照时间;

F_i—— 缺陷的单位时间改变系数;

K_i—— 辐照产生缺陷的系数;

P_{i0}—— 先驱缺陷浓度;

R_i—— 辐照缺陷的消失系数;

U_i—— 缺陷的热消退系数。

既然在(5 - 2)式中 F_i 表示先驱缺陷转变到类型为 i 的缺陷单位时间改变系数,与作为由于辐照产生缺陷系数 K_i 的意义基本相同,所以把 K_i 消去,将它的贡献折合到 F_i 中去,这种折合不是代数的运算,而是从逻辑上归为一类,而且 F_i、K_i 都是剂量率的线性函数[82]1948,所以定义为:

$$F_i = f_i\dot{D} \tag{5-3}$$

式中 f_i—— 常数;

$\dot{D}$—— 剂量率。

因为在不同剂量率伽马射线辐照时,石英保偏光纤在同一辐照室,温度均接近室温,所以,在伽马射线辐照过程中,环境温度变化可以忽略。而且,辐照产生缺陷数目比一定温度下缺陷湮灭的数目多,并且通过分析原位测量的辐照诱导损耗数据也可以发现辐照是影响缺陷浓度变化的主要因素,在这里缺陷的热消退系数 U_i 折合到消失系数 R_i 中。而且,在这里认为辐照缺陷的消失系数 R_i 是与剂量率无关的常数。

结合上述的结果,针对 Si - OH 缺陷浓度的变化规律,将方程(5 - 2) 整理成以下形式:

$$\frac{dn}{dt} = f\dot{D}(P_0 - n) - Rn \tag{5 - 4}$$

分离变量,整理得:

$$\frac{dn}{f\dot{D}P_0 - (f\dot{D} + R)n} = dt \tag{5 - 5}$$

又有:

$$\frac{dn}{1 - \frac{f\dot{D} + R}{f\dot{D}P_0}n} = f\dot{D}P_0 dt \tag{5 - 6}$$

设

$$n' = \frac{f\dot{D} + R}{f\dot{D}P_0}n \tag{5 - 7}$$

两边求微分,有:

$$dn' = \frac{f\dot{D} + R}{f\dot{D}P_0}dn \tag{5 - 8}$$

把(5 - 7) 式和(5 - 8) 式代入(5 - 6) 式,得:

$$\frac{dn'}{\frac{f\dot{D} + R}{f\dot{D}P_0}(1 - n')} = f\dot{D}P_0 dt \tag{5 - 9}$$

整理得:

$$\frac{dn'}{1 - n'} = \frac{f\dot{D} + R}{f\dot{D}P_0}f\dot{D}P_0 dt = -\frac{d(1 - n')}{1 - n'} \tag{5 - 10}$$

对方程(5 - 10) 两端进行积分,积分区间分别为[n'_0,n'] 和[0,t],得:

$$\frac{1 - n'}{1 - n'_0} = e^{-\frac{f\dot{D} + R}{\ }D} \tag{5 - 11}$$

因为已经设定 $n_0 = 0$,则 $n'_0 = 0$,把 n' 转换为 n,方程(5 - 11) 整理得:

$$1 - \frac{f\dot{D} + R}{f\dot{D}P_0}n = e^{-\frac{f\dot{D}+R}{\dot{D}}D} \tag{5 - 12}$$

从而得到缺陷浓度 n 的表达形式:

$$n = \frac{f\dot{D}P_0}{f\dot{D} + R}(1 - e^{-\frac{f\dot{D}+R}{\dot{D}}D}) = \frac{f\dot{D}P_0}{f\dot{D} + R}(1 - e^{-(f\dot{D}+R)t}) \tag{5 - 13}$$

方程(5 - 13) 给出了石英保偏光纤纤芯中Si - OH缺陷的浓度与辐照剂量和剂量率的关系,利用这个方程可以用来计算辐照条件给定的情况下,任意辐照时刻、剂量和剂量率该类型缺陷的浓度变化。

5.1.3 Si - OH 浓度与辐照诱导损耗关系

利用方程(5 - 13) 可以计算伽马射线辐照条件下石英保偏光纤纤芯中的 Si - OH 缺陷浓度的变化,但是工程中更多关心的是光纤的辐照诱导损耗与辐照时间(或辐照剂量) 的关系。假设条件(4) 中已经提出伽马射线辐照导致石英保偏光纤的辐照诱导损耗与Si - OH 缺陷浓度呈线性关系,所以,伽马射线辐照导致的石英保偏光纤辐照诱导损耗可以用以下方程决定:

$$\alpha = Nn \tag{5 - 14}$$

式中　α—— 辐照诱导损耗。

所以,伽马射线辐照导致的石英保偏光纤辐照诱导损耗 α 随伽马射线剂量 D 和剂量率 $\dot{D}$ 的变化关系由以下方程决定:

$$\alpha = N\frac{f\dot{D}P_0}{f\dot{D} + R}(1 - e^{-\frac{f\dot{D}+R}{\dot{D}}D}) \tag{5 - 15}$$

其中 $N\dfrac{f\dot{D}P_0}{f\dot{D} + R}$ 代表辐照诱导损耗的饱和值,$(1 - e^{-\frac{f\dot{D}+R}{\dot{D}}D})$ 代表辐照诱导损耗随辐照剂量的变化速度。由方程(5 - 15) 可以看出,石英保偏光纤的辐照诱导损耗随伽马射线辐照剂量变化是一个含有 e 指数的饱和形式方程。因为辐照诱导损耗的饱和值和辐照诱导损耗的变化速度均含有剂量率 $\dot{D}$,显而易见,即使是同一种光纤,不同剂量率伽马射线辐照导致的辐照诱导损耗饱和值和辐照诱导损耗的变化速度也有所不同。所以,必须考虑剂量率 $\dot{D}$ 的影响。

5.1.4 模型的参数设定

方程(5 - 15) 给出了石英保偏光纤辐照诱导损耗与其所受辐照剂量和剂量率的影响程度,在工程上可以利用它来讨论任意时刻、任意剂量和剂量率情况下石英保偏光纤的辐照诱导损耗变化规律。要使用这个方程，首先求出其中的一些参量。这些参量与试验光纤类型和辐照条件的选择有关，无法用解析的方法精确求得，只能通过试验数据给出经验值，这也是唯象模型的一个基本特点。

根据方程(5 - 15)，结合“一”字型和“熊猫”型石英保偏光纤两种剂量率伽马射线辐照诱导损耗的试验数据，利用拟合工具，得出有关方程 $\alpha = A(1 - e^{-BD})$ 中 A 和 B 的数据，其中：

$$A = N\frac{f\dot{D}P_0}{f\dot{D} + R} \tag{5-16}$$

和

$$B = \frac{f\dot{D} + R}{\dot{D}} \tag{5-17}$$

A 代表石英保偏光纤辐照诱导损耗饱和值，B 影响石英保偏光纤辐照诱导损耗随伽马射线辐照剂量的变化速度，不同石英保偏光纤辐照诱导损耗达到饱和值所需要的伽马射线辐照剂量也与 B 值大小有关，不同光纤和不同剂量率辐照下的 A 和 B 数值如表 5 - 1 所示。

表 5 - 1　对应于不同石英光纤和不同剂量率的 A 和 B 数值

光纤类型	剂量率 /rad. sec^{-1}	A/dB · km^{-1}	B/s^{-1}
“熊猫”	0. 1860	24. 50	1.150×10^{-6}
	2. 152	24. 65	1.140×10^{-6}
“一” 字	0. 1860	115. 0	5.440×10^{-6}
	2. 152	190. 1	3.300×10^{-6}

从(5 - 16) 式和(5 - 17) 式可以明显地看出，A 和 B 之间存在着一个特殊的关系，二者乘积的结果为 NfP_0，因为在假设条件中已经设定 N、f 和 P_0 为常数，所以三者乘积的结果也为常数。根据 A 值和 B 值的乘积结果是一个常数，整理成由常数 NfP_0 和 P_0 表示 f 和 R 的方程。选择同一种石英保偏光纤在两种剂量率伽马射线辐照条件下的两个 A 值，这样形成两个有关 f 和 R 的方程，可以解出 f 和 R 的值，再利用 NfP_0 等于常数的条件，可以求出 P_0。按照上述方法，分别求出“熊猫”型和“一” 字型两种石英保偏光纤对应的 f、P_0 和 R 三个参数，具体值如表 5 - 2 所示。

表 5 - 2　伽马射线辐照诱导损耗的模型参数

光纤类型	f/rad^{-1}	P_0/cm^{-3}	R/s^{-1}
“熊猫”	1.424×10^{-6}	25.89/N	4.047×10^{-11}/N
“一”字	3.087×10^{-6}	1215/N	4.546×10^{-7}/N

5.1.5　模型结果与试验结果的比较

通过模型结果和试验结果比较，可以验证模型方程和参数设定的正确性，以此来确定能否用这个模型评价石英保偏光纤辐照诱导损耗的变化规律。“一”字型石英保偏光纤伽马射线辐照诱导损耗的试验和模拟比较结果如图 5 - 1 所示，剂量率分别是 670 rad · h^{-1} 和 4 270 rad · h^{-1}。由图可见，“一”字型石英保偏光纤在不同剂量率伽马射线辐照下，辐照诱导损耗的试验数值和模拟结果基本吻合，验证了方程(5 - 15) 的正确性。

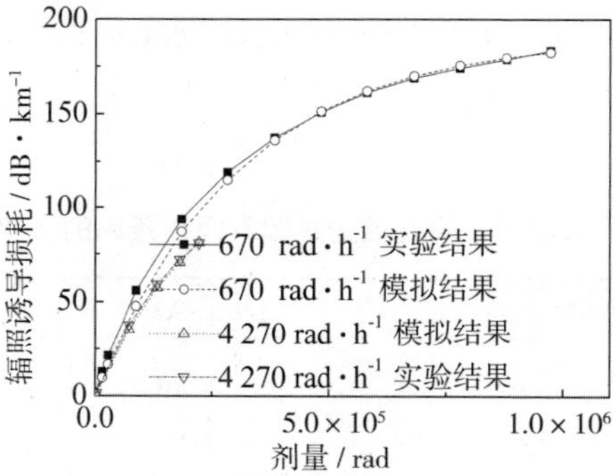

图 5 - 1　“一”字型石英光纤不同剂量率伽马射线辐照诱导损耗的试验和模拟结果比较

当剂量率为 4 270 rad · h^{-1} 时，通过分析伽马射线辐照时的辐照诱导损耗随辐照剂量的变化曲线可以发现，在剂量较低时，“一”字型石英保偏光纤的辐照诱导损耗随着辐照剂量的增加而急剧增长，随着伽马射线剂量的进一步增加，辐照诱导损耗增加速度变缓，最后达到饱和。由方程(5 - 4) 可知，在伽马射线辐照剂量较低时，Si - OH 缺陷浓度 n 较小，所以，当$f\dot{D}(P_0-n)$ 较大、Rn 较小时，缺陷浓度变化速率 dn/dt 较大，在宏观上显示辐照诱导损耗随着辐照剂量的变化速度较快。随着伽马射线辐照剂量的增加，Si - OH 缺陷浓度 n 和 Rn 也随之增加，$f\dot{D}(P_0-n)$ 则减小，导致缺陷浓度变化速率 dn/dt 降低，在宏观上显示辐照诱导损耗随着辐照剂量的变化速度变缓。当伽马射线辐照剂量达到一定数值时，使得 $f\dot{D}(P_0-n)-Rn=0$，导致缺陷浓度变化速率 dn/dt 为0，Si - OH 缺陷浓度 n 达到极值，在宏观上显示辐照诱导损耗达到饱和值。从表 5 - 2 中对应的不同剂量率 A 和 B 的数值中也可以看出，

A 的数值在高剂量率时比其在低剂量率时大，所以，“一”字型石英保偏光纤在高剂量率伽马射线辐照时，辐照诱导损耗饱和值比低剂量率伽马射线辐照时大。在相同剂量伽马射线辐照下，在高剂量率伽马射线辐照时，辐照诱导损耗比低剂量率伽马射线辐照时大。这是由于在相同辐照剂量下，低剂量率辐照比高剂量率辐照有相对较长的恢复时间，Si－OH 缺陷有相对较多的湮灭。另外，高剂量率的 B 值较小，则在相同剂量伽马射线辐照时，导致$(1-\exp[-(f\dot{D}+R)D/\dot{D}])$较小，所以，辐照诱导损耗随伽马射线剂量的变化速度缓慢、辐照诱导损耗较小，而且达到饱和值所需要的辐照剂量较大。

不同剂量率伽马射线辐照下，“熊猫”型石英保偏光纤辐照诱导损耗的试验和模拟结果比较如图 5－2 所示，剂量率为 670 rad·h^{-1} 和 4 270 rad·h^{-1}。

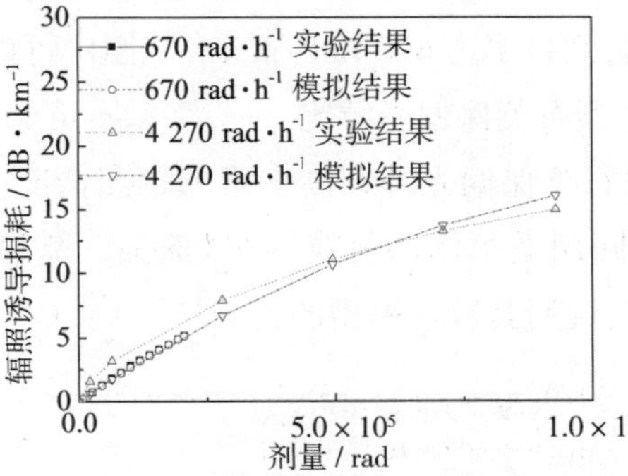

图 5－2　“熊猫”型石英光纤不同剂量率伽马射线辐照诱导损耗的试验和模拟结果比较

由此可见，“熊猫”型石英保偏光纤不同剂量率伽马射线辐照诱导损耗的试验数值和模拟结果基本吻合，进一步验证了方程(5－15)的正确性，辐照诱导损耗随辐照剂量变化的规律与“一”字型石英保偏光纤相类似。

“熊猫”型石英保偏光纤和“一”字型石英保偏光纤高剂量率辐照诱导损耗的试验和模拟结果比较如图 5－3 所示，剂量率为 4 270 rad·h^{-1}。在相同剂量率伽马射线辐照下，“熊猫”型石英保偏光纤中的辐照诱导损耗饱和值 A 比“一”字型石英保偏光纤中相应的饱和值小。由表 5－2 可知，“熊猫”型石英保偏光纤的 f 和 R 均相对较小，导致 $B=\frac{f\dot{D}+R}{}$ 值也相对较小，从而 B 数值也较小，所以，“熊猫”型石英保偏光纤的辐照诱导损耗随伽马射线辐照剂量的变化速度较慢，辐照诱导损耗达到饱和值所需要的伽马射线辐照剂量较大。所以，A 和 B 值大小是衡量光纤抗辐照性能的重要标志。

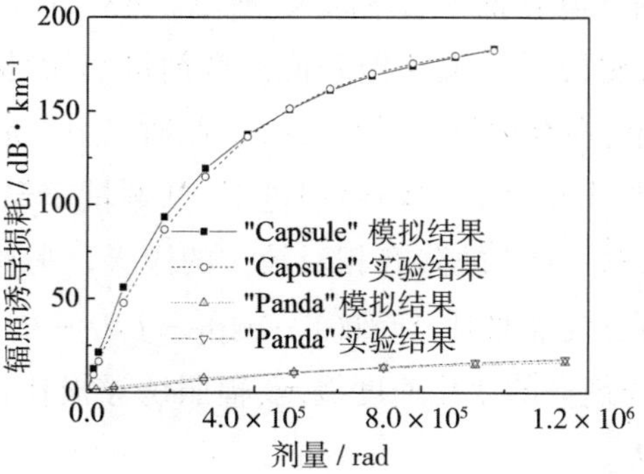

图 5 - 3 "熊猫" 型和"一" 字型石英光纤高剂量率伽马射线辐照诱导损耗的试验和模拟结果比较

"熊猫" 型和"一" 字型石英保偏光纤低剂量率辐照诱导损耗的试验和模拟结果比较如图 5 - 4 所示,剂量率为 670 rad · h^{-1}。从图中可以看出,在受到相同剂量辐照的情况下,"熊猫" 型石英保偏光纤比"一" 字型石英保偏光纤的辐照诱导损耗小,这个结果与这两种石英保偏光纤在高剂量率辐照情况下辐照诱导损耗变化规律相似。由此可见,不同剂量率伽马射线辐照"熊猫" 型和"一" 字型石英保偏光纤,均满足(5 - 15) 式,说明其数学模型的正确性。

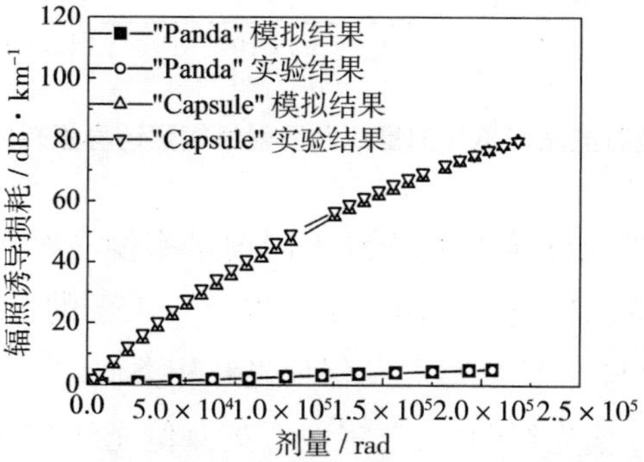

图 5 - 4 "熊猫" 型和"一" 字型石英光纤低剂量率伽马射线辐照诱导损耗的试验和模拟结果比较

由上述讨论可知,方程(5 - 15) 完全适用于"熊猫" 型和"一" 字型石英保偏光纤伽马射线辐照诱导损耗的变化规律。根据已经求得"熊猫" 型和"一" 字型石英保偏光纤的 f、R 和 P_0,把其他伽马射线剂量率 D 数值带入方程(5 - 15) 中,完全可以得出其辐照诱导损耗的变化规律。

5.2 带电粒子辐照诱导损耗数学模型

在带电粒子辐照条件下,重点要考虑带电粒子能量对石英保偏光纤辐照诱导损耗饱和值、辐照诱导损耗达到饱和值所需注量以及辐照诱导损耗随辐照注量变化速度的影响。

5.2.1　模型的假设条件和建立

虽然在电子和质子辐照试验中，粒子束流密度波动比较大，束流密度最大值与最小值之比在 10 之内。但是，从能量为 160 keV、不同束流密度电子辐照两种石英保偏光纤试验数据中可以看出，束流密度对辐照诱导损耗变化的影响甚微，由此可以忽略束流密度效应。

基于缺陷的产生和湮灭理论，以及质子和电子辐照石英保偏光纤的损伤机理，在伽马射线辐照诱导损耗变化数学模型类似假设条件的基础上，假设 F 表示单位时间由先驱缺陷转变为 Si - OH 缺陷的系数，q 是 Si - OH 缺陷的单位时间湮灭系数，相同光纤在相同能量、相同类型粒子辐照过程中，F 和 q 均不变。与之相对应的先驱缺陷浓度被设定为 P_0，相同光纤质子和电子辐照时，辐照诱导损耗与缺陷浓度比值 N 值及 P_0 均相等。借助色心浓度变化理论[90]064201-3，在 $[t, t + dt]$ 时间内缺陷浓度的变化为：

$$\frac{dn}{dt} = \varphi_{eff}[F(P_0 - n) - nq] \tag{5-18}$$

式中　φ_{eff}—— 带电粒子辐照通量。

按照方程(5 - 4) 的求解方法，当初始 Si - OH 缺陷浓度 $n_0 = 0$ 时，可以得出 Si - OH 缺陷瞬时浓度与辐照注量(注量 $\Phi = \varphi_{eff} \cdot t$) 之间的关系：

$$n = \frac{FP_0}{F + q}(1 - e^{-(F+q)\Phi}) \tag{5-19}$$

利用方程(5 - 19) 可以计算电子和质子辐照情况下，在石英保偏光纤纤芯中存在的 Si - OH 浓度大小。然而工程中更加关注光纤的辐照诱导损耗与辐照时间或注量的关系。石英保偏光纤在 1 310 nm 处的辐照诱导损耗与辐照后光纤中 Si - OH 缺陷浓度成正比，比例系数为 N，对于受到辐照的同一种光纤而言，其 N 值相同，则辐照诱导损耗 α 为：

$$\alpha = n \cdot N = \frac{FP_0N}{F + q}(1 - e^{-(F+q)\Phi}) \tag{5-20}$$

由此可见，石英保偏光纤辐照诱导损耗的变化呈现含有 e 指数的规律。其中，$\frac{FP_0N}{F + q}$ 代表饱和辐照诱导损耗值，$F + q$ 的大小则影响辐照诱导损耗随注量的变化速度。

5.2.2　模型的参数设定

方程(5 - 20) 给出了石英保偏光纤辐照诱导损耗与辐照注量的关系，在工程上可以利用它来求解任意辐照注量情况下石英保偏光纤辐照诱导损耗变化规律。要使用这个方程,首先得求出其中的一些参量,这些参量与试验光纤和辐照条件的选择有关,无法用解析的方法精确求得,只能根据试验数据给出经验值。

(1) 质子辐照模型中的参数设定:根据方程(5 - 20),选择三种能量质子辐照石英保偏光纤的辐照诱导损耗数据,利用拟合工具,得出有关方程 $\alpha = A(1 - e^{-B\Phi})$ 中 A 和 B 的数据如表 5 - 3 所示,其中,$A = \dfrac{FP_0N}{F + q}$,$B = F + q$,质子辐照能量分别是 3.5 *MeV*、5 *MeV* 和 10 *MeV*。不同能量质子辐照两种石英保偏光纤时,3.5 *MeV* 质子辐照时 A 和 B 的数值最大;而相同能量质子辐照下,均显示“一”字型石英保偏光纤的 A 和 B 数值较大。

表 5 - 3　不同能量质子辐照下两种石英光纤模拟参数

光纤类型	质子能量 /MeV	A/dB · km^{-1}	B/cm^2
“一”字	3.500	700.0	2.100×10^{-12}
	5.000	680.0	1.600×10^{-12}
	10.00	650.0	1.100×10^{-12}
“熊猫”	3.500	80.00	2.900×10^{-13}
	5.000	65.00	1.900×10^{-13}
	10.00	60.00	1.000×10^{-13}

根据 A 和 B 的关系,可以得出:

$$\frac{FP_0N}{F + q} \times (F + q) = FP_0S \tag{5 - 21}$$

所以:

$$F = \frac{\dfrac{FP_0N}{F + q} \times (F + q)}{P_0N} = \frac{A \times B}{P_0N} \tag{5 - 22}$$

N 和 P_0 为常数,所以 f 的数值可以被求出。根据 $B = F + q$,可以得出 q 的表达式:

$$q = B - F = \frac{BP_0N - AB}{P_0N} \tag{5 - 23}$$

借助方程(5 - 22) 和(5 - 23),求出石英保偏光纤对应参数 F 和 q 的数值,不同能量质子辐照石英光纤的 F 和 q 数值如表 5 - 4 所示。不同能量质子辐照两种石英保偏光纤,3.5 MeV 质子辐照时 F 的数值最大。由于 P_0N 具体数值不能确定,所以,

暂时无法确定 q 的大小关系,也不能比较不同光纤中的 F 大小。

表5－4　不同能量质子辐照石英光纤的 F 和 q 数值

光纤类型	质子能量/MeV	$F/cm^2.s^{-1}$	$q/cm^2.s^{-1}$
"一"字型	3.5	$1.470\times10^{-9}/P_0N$	$(2.100\times10^{-12}P_0N-1.470\times10^{-9})/P_0N$
	5	$1.088\times10^{-9}/P_0N$	$(1.600\times10^{-12}P_0N-1.088\times10^{-9})/P_0N$
	10	$7.170\times10^{-10}/P_0N$	$(1.100\times10^{-12}P_0N-7.170\times10^{-10})/P_0N$
"熊猫"型	3.5	$2.320\times10^{-11}/P_0N$	$(2.900\times10^{-13}P_0N-2.320\times10^{-11})/P_0N$
	5	$1.235\times10^{-11}/P_0N$	$(1.900\times10^{-13}P_0N-1.235\times10^{-11})/P_0N$
	10	$6.000\times10^{-12}/P_0N$	$(1.000\times10^{-13}P_0N-6.000\times10^{-12})/P_0N$

(2)160 keV 和 1 MeV 电子辐照模型中的参数设定:与质子辐照石英保偏光纤情况相同,160 keV 和 1 MeV 电子辐照"一"字型和"熊猫"型石英保偏光纤时,石英保偏光纤中 A 和 B 的数值也可以得出,具体图表5－5所示。

表5－5　160 keV 和 1 MeV 电子辐照两种类型石英光纤模拟参数

光纤类型	电子能量/keV	$A/dB\cdot km^{-1}$	B/cm^2
"一"字	160.0	265.0	1.670×10^{-14}
	1000	180.0	5.500×10^{-15}
"熊猫"	160.0	38.00	8.000×10^{-16}
	1000	18.20	3.300×10^{-16}

由表5－5可以得出,不同能量电子辐照两种石英保偏光纤,160 keV 电子辐照时 A 和 B 的数值较大;而相同能量电子辐照下,均显示"一"字型石英保偏光纤的 A 和 B 数值较大。因为质子辐照石英保偏光纤的模拟方程与160 keV 和1 MeV 电子辐照石英保偏光纤的模拟公式方程完全一致,辐照诱导损耗随粒子辐照注量的变化呈现含有 e 指数的变化规律,所以,根据方程(5－25)可以计算出160 keV 和1 MeV 电子辐照时对应参数 F 的数值,如表5－6所示。因为 P_0 和 N 具体数值不可求解,不能够完全确定缺陷的湮灭系数 q 的大小关系,所以没有列出 q 的具体表达形式。不同能量电子辐照两种石英保偏光纤时,160 keV 电子辐照时 F 的数值较大。

表 5 - 6 160 keV 和 1 MeV 电子辐照两种类型石英光纤 F 数值

光纤类型	电子能量 /keV	$F/cm^2.s^{-1}$
"一"字	160.0	$4.430\times10^{-12}/P_0N$
	1000	$9.900\times10^{-13}/P_0N$
"熊猫"	160.0	$3.040\times10^{-14}/P_0N$
	1000	$6.010\times10^{-15}/P_0N$

5.2.3 模型结果与试验结果的比较

通过模型结果和试验结果比较，可以验证模型方程和参数设定的正确性，以此来确定能否能用这个模型评价石英保偏光纤辐照诱导损耗的变化规律。

（1）质子辐照模型结果与试验结果比较：在不同能量质子辐照下，"一"字型石英保偏光纤辐照诱导损耗的试验和模拟结果比较如图 5 - 5 所示，其中质子能量为 3.5 MeV、5 MeV 和 10 MeV。由图可见，试验和模拟结果基本吻合，验证了方程（5 - 20）的正确性。

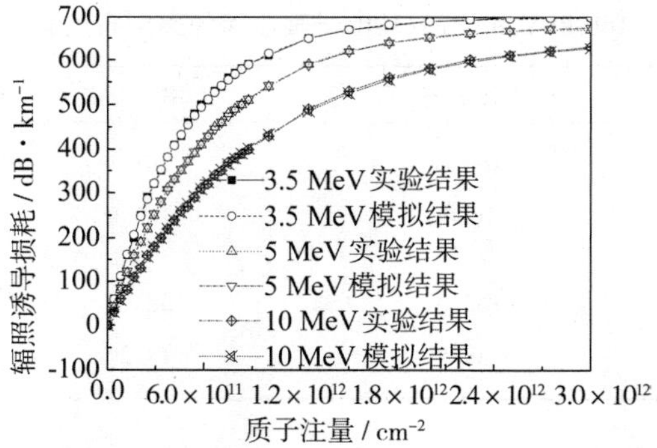

图 5 - 5 "一"字型石英光纤不同能量质子辐照诱导损耗的试验和模拟结果

因为可以根据（5 - 18）式求出（5 - 20）式，所以，方程（5 - 18）可以阐述"一"字型石英保偏光纤辐照诱导损耗随质子注量变化的规律。由方程（5 - 18）可以知道，在辐照开始阶段，Si - OH 缺陷浓度 n 较小，所以，当 $F(P_0 - n)$ 较大时、qn 较小时，缺陷浓度变化速率 dn/dt 较大，在宏观上显示辐照诱导损耗随着辐照注量的变化速度较大。随着辐照注量的增加，Si - OH 缺陷浓度 n 和 qn 也随之增加，$F(P_0 - n)$ 则减小，导致缺陷浓度变化速率 dn/dt 降低，在宏观上显示辐照诱导损耗随着辐照注量的变化速度变缓。质子注量达到一定数值时，使得 $F(P_0 - n)$ 和 nR 相等，导致缺陷浓度变化速率 dn/dt 为 0，Si - OH 缺陷浓度 n 达到极值，在宏观上显示辐照诱导损耗达到饱和值。

从表 5 - 3 中可以看出，对于“一” 字型石英保偏光纤，3. 5 MeV 质子辐照的 B 值比 5 MeV 和 10 MeV 质子辐照的 B 值大。已经根据图 4 - 30 得出结论：3. 5 MeV 质子辐照时在光纤纤芯部位能量损失最严重。因为质子能量损失大部分转化为热能，这必然会导致光纤温度升高，所以，当 3. 5 MeV 质子辐照光纤时，在光纤纤芯部位的温度最高。由方程(4 - 12) 可知，温度 K 升高，必然导致缺陷湮灭系数 q 随之增大。既然 3. 5 MeV 质子辐照时在光纤纤芯部位能量损失最严重，在相同注量质子辐照时产生缺陷的浓度则最高，所以，3. 5 MeV 质子辐照时 Si - OH 缺陷生成系数 F 最大，由此导致 $B = F + q$ 最大。把 B 值折合到 $\alpha = A(1 - e^{-B\Phi})$ 中，导致整体稍大，辐照诱导损耗随辐照注量的变化速度则较快，所以，导致 3. 5 MeV 质子辐照比 5 MeV 和 10 MeV 质子辐照产生的辐照诱导损耗达到饱和所需的注量小。从表 5 - 3 中可以看出，对于“一” 字型石英保偏光纤，3. 5 MeV 质子辐照的 A 值均比 5 MeV 和 10 MeV 质子辐照的 A 值稍大，即辐照诱导损耗饱和值稍大。虽然 $B = F + q$ 在 3. 5 MeV 质子辐照时最大，但是，A 值在 3. 5 MeV 质子辐照时最大，P_0N 在不同能量质子辐照时均相等，所以导致 A 值较大的主要原因是缺陷生成系数 F 较大。由此可见，缺陷生成系数 F 较大时，A 值和 B 值均较大，缺陷生成系数 F 是影响辐照诱导损耗随辐照注量变化规律的主要因素。辐照诱导损耗未达到饱和前，在注量相同的情况下，由于 A 值和 B 值均较大，所以，导致 3. 5 MeV 质子辐照产生的辐照诱导损耗较大。

不同能量质子辐照下，“熊猫” 型石英保偏光纤辐照诱导损耗的试验和模拟结果比较如图 5 - 6 所示，其中辐照质子能量分别为 3. 5 MeV、5 MeV 和 10 MeV。“熊猫” 型石英保偏光纤辐照诱导损耗试验和模拟结果吻合，验证了(5 - 20) 式的正确性。

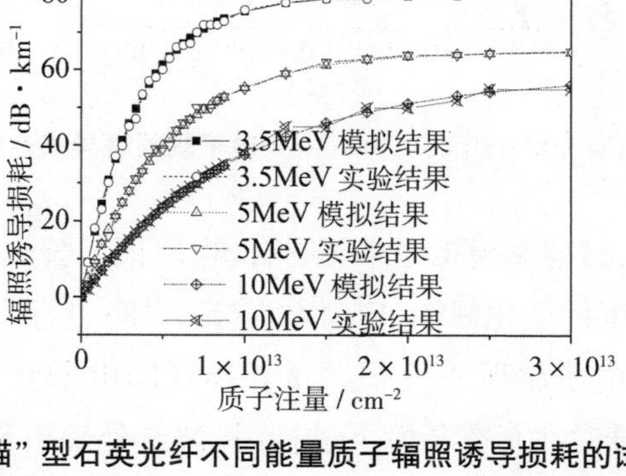

图 5 - 6　“熊猫” 型石英光纤不同能量质子辐照诱导损耗的试验和模拟结果

3. 5 MeV 质子辐照“一” 字型和“熊猫” 型石英保偏光纤辐照诱导损耗模拟结果比较如图 5 - 7 所示。当受到相同能量质子辐照时，“一” 字型石英保偏光纤的饱和值比“熊猫”型石英保偏光纤的饱和值大,而且达到饱和时所需要辐照质子的注量较小,说明“熊猫”型石英保偏光纤比“一”字型石英保偏光纤抗辐照能力强。对于5 MeV和10 MeV质子辐照时,其演化规律类似,不再赘述。由表5 - 3可以得出,因为在相同能量质子辐照时,“熊猫”型石英保偏光纤的A和B值均较小,所以,A和B值较小,是光纤抗质子辐照能力强的重要标志。

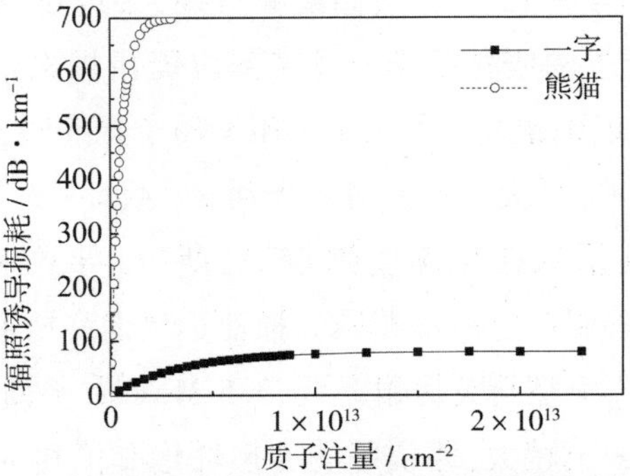

图5 - 7 “一”字型和“熊猫”型石英光纤质子辐照诱导损耗模拟结果比较

(2)160 keV和1 MeV电子辐照模型结果与试验结果比较:“一”字型石英保偏光纤受到160 keV和1 MeV电子辐照时,所产生的辐照诱导损耗的试验和模拟结果比较如图5 - 8所示。

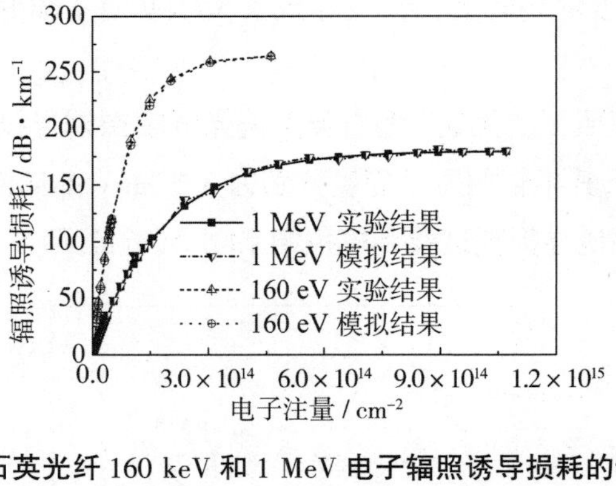

图5 - 8 “一”字型石英光纤160 keV和1 MeV电子辐照诱导损耗的试验和模拟结果比较

从图中可以看出,试验和模拟结果相吻合,也验证了公式(5 - 20)的正确性。根据Si - OH缺陷浓度的变化规律,应用方程(5 - 18),按照质子辐照的理论,同样也可以解释相同能量电子辐照光纤辐照诱导损耗随电子注量的变化规律。因为160 keV电子辐照光纤时在真空环境下进行,长波红外辐射是传热的主要方式,对流形式传热效果甚微,所以,靶源材料散热效果较差,导致光纤温度较高。因为1 MeV电子辐照光纤时在空气环境中进行,传热方式主要为空气对流,传热效果优异,所以,靶源材料散热效果较好,导致光纤温度与真空环境下辐照相比较低;另外，由图 4 - 36 所示，160 keV 电子辐照比 1 MeV 电子辐照在光纤纤芯部位能量损失大，电子能量大部分转化为热能，增高了光纤温度；所以，160 keV 电子辐照比 1 MeV 电子辐照所导致光纤的温度高，Si - OH 缺陷的单位时间湮灭系数 q 较大。160 keV 电子辐照比 1 MeV 电子辐照在光纤纤芯部位造成的能量损失大，必然导致在相同注量电子辐照下生成更多的 Si - OH 缺陷，即缺陷生成系数 F 较大。所以，160 keV 电子辐照时，$B = F + q$ 较大。把 B 值折合到 $\alpha = A(1 - e^{-B\Phi})$ 中，其整体稍大，辐照诱导损耗随注量的变化速度则较快，所以，导致 160 keV 电子辐照时辐照诱导损耗达到饱和所需的注量较小。从表 5 - 5 中可以看出，160 keV 电子辐照时的 A 较大，即辐照诱导损耗饱和值较大。虽然 $F(P_0 - n)$ 在 160 keV 电子辐照时也较大，但是，$A = \frac{FP_0N}{F + q}$ 在 160 keV 电子辐照时较大，P_0N 在不同能量电子辐照时均相等，所以，导致 A 值较大的主要原因是缺陷生成系数 F 较大。由此可见，缺陷生成系数 F 较大时，A 值和 B 值均较大，缺陷生成系数 F 是影响辐照诱导损耗随辐照注量变化速度和辐照诱导损耗饱和值大小的主要因素。辐照诱导损耗未达到饱和时，在相同辐照注量的情况下，由于 A 值和 B 值均较大，所以，导致 160 keV 电子辐照产生的辐照诱导损耗较大。

160 keV 和 1 MeV 电子辐照“熊猫”型石英保偏光纤的辐照诱导损耗的试验和模拟结果比较如图 5 - 9 所示，试验和模拟结果相吻合，进一步说明方程（5 - 20）适合用来描述“熊猫”型石英保偏光纤辐照诱导损耗变化规律。160 keV 和 1 MeV 电子辐照“熊猫”型石英保偏光纤的辐照诱导损耗随电子注量的变化规律与“一”字型石英保偏光纤类似，可以应用“一”字型石英保偏光纤电子辐照时阐述的理论，来解释“熊猫”型石英保偏光纤的辐照诱导损耗随电子注量的变化规律，在这里就不再赘述。

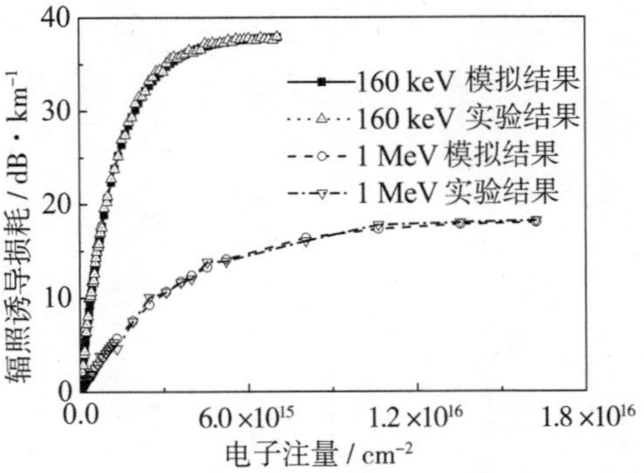

图 5 - 9　“熊猫”型石英光纤 160 keV 和 1 MeV 电子辐照诱导损耗的试验和模拟结果比较

“一”字型和“熊猫”型石英保偏光纤电子辐照诱导损耗模拟结果比较如图 5 -

10 所示,其中电子辐照能量分别为 160 keV 和 1 MeV。在这两种能量电子辐照时,“一”字型石英保偏光纤的饱和值比“熊猫”型石英保偏光纤的饱和值大,而且达到饱和时所需要辐照电子的注量小,说明“熊猫”型石英保偏光纤比“一”字型石英保偏光纤抗辐照能力强。由表 5 - 7 可知,这是因为在相同能量电子辐照时,“熊猫”型石英保偏光纤的 A 值和 B 值较小,所以,A 值和 B 值较小是光纤抗电子辐照能力强的重要标志。

对于超过能量阈值的其他能量带电粒子辐照这两种类型的石英保偏光纤,只要给定两组辐照注量和辐照诱导损耗数值,就可以根据方程(5 - 20)求出辐照诱导损耗随辐照注量变化具体规律的表达式,由此可以预测其他能量带电粒子的辐照诱导损耗变化规律。

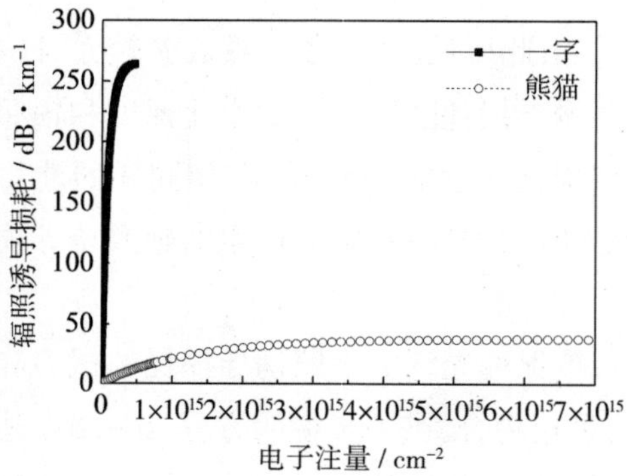

a) 160 keV 电子辐照

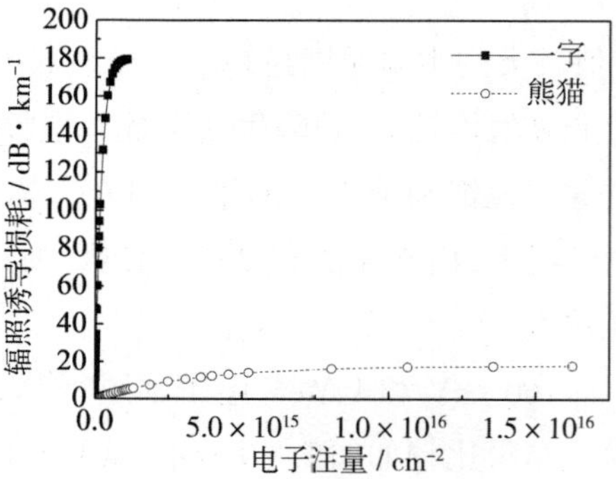

b) 1 MeV 电子辐照

图 5 - 10 “一”字型和“熊猫”型石英光纤电子辐照诱导损耗模拟结果比较

参考文献

国产保偏光纤辐照效应及其
机理研究

[1]张桂才. 光纤陀螺原理与技术[M]. 北京:国防工业出版社,2008:2-3.

[2]Kearsley A T,Graham G A. Multi Layered Foil Capture of Micrometeoroids and Orbital Debris in Low Earth Orbit[J]. Advances in Space Research,2004,34:939-943.

[3]UpadhyaK M, Udayashankar N K. Electron Irradiation Effects on Optical Properties of Semiorganic Antimony Thiourea Bromide Monohydrate Single Crystals J]. Journal of Luminescence,2010,130:2424-2428.

[4]UpadhyaK M,Udayashankar N K, Ganesh S. Electron Irradiation Effects on Optical Properties of Semiorganic Sntimony Thiourea Tetra Chloride Single Crystals[J]. Spectrochimica Acta Part A:Molecular and Biomolecular Spectroscopy,2012,97:38-44.

[5]Verma R,Dhar R,Rath M C,et al. Electron Beam Irradiation Induced Changes in the Dielectric and Electro-optical Properties of a Room Temperature Mematic Display Material 4-(Trans-4′-n-hexylcyclohexyl) Isothiocyanatobenzoate(6CHBT)[J]. Journal of Physics and Chemistry of Solids,2012,73:288-295.

[6]Hashim S,Bradley D A,Peng N,et al. The Thermo-luminescence Response of Oxygen-doped Optical Fibres Subjected to Photon and Electron Irradiations[J]. Nuclear Instruments and Methods in Physics Research B,2010,619,291-294.

[7]Shi J W,Gong C Z,Tian X B,et al. Optical Properties and Chemical Structures of Kapton-H Film after Proton Irradiation by Immersion in a Hydrogen Plasma[J]. Applied Surface Science,2012,258:3829-3834.

[8]Buis E J,Berkhout G C G,Love G D,et al. Proton Irradiation of Liquid Crystal Based Adaptive Optical Devices[J]. Nuclear Instruments and Methods in Physics Research Section B,2012,270:157-161.

[9]Mikhailov M M,Neshchimenko V V,Li C D,et al. Influence of Proton Irradiation on the Photoluminescence Spectra of Zinc Oxide Modified by ZrO_2 and $ZrO_2 \cdot Yb_2O_3$ Nanopowders[J]. Journal of Luminescence,2010,130:1671-1675.

[10]Tortech B,Girard S,Régnier E,et al. Core Versus Cladding Effects of Proton Irradiation on Erbium-doped Optical Fiber: Micro-Luminescence Study[J]. IEEE Transactions on Nuclear Science,2008,55:2223-2228.

[11]Richard H B,Warren F W,Terrence S L,et al. Proton-induced Degradation in Interferometer Fiber Optic Gyroscopes[J]. Optlcs Engineering,1996,35:955-976.

[12]Pillai V R V,Khamari S K,Dixit V K,et al. Effect of Gamma Ray Irradiation

on Breakdown Voltage, Ideality Factor, Dark Current and Series Resistance of GaAs p-i-n Diode[J]. Nuclear Instruments and Methodsin Physics Research A, 2012, 685: 41-45.

[13] Murray K A, Kennedy J E, Mcevoy B, et al. Effects of Gamma Ray and Electron Beam Irradiation on the Mechanical, Thermal, Structural and Physicochemical Properties of Poly Ether-block-amide) Thermoplastic Elastomers[J]. Journal of the Mechanical Behavior of Biomedical Materials, 2013, 17: 252-268.

[14] Li M C, Liu L H, Xiao T P, et al. Single-polarization Polarization Maintaining Optical Fiber with Large Stress Birefringence and High Homogeneity[J]. Applyied Physics Letters, 2006, 89: 101101.

[15] Bergh R A, Lefevre H C and Shaw H J. AnOverview of Fiber-optic Gyroscopes[J]. Lightwave Technol, 1984, 2: 91-10.

[16] 廖延彪. 光纤光学[M]. 北京:清华大学出版社出版, 2000, 67-68.

[17] Yu S J, Suzuki M, Ohki Y, et al. Birefringence in Optical Fibers Formed by Proton Implantation[J]. Nuclear Instruments and Methods in Physics Research B, 2007, 265: 490-494.

[18] Trufanov, A N, Smetannikov Y and Trufanov A. NumericalAnalysis of Residual Stresses in Preform of Stress Applying Part for PANDA-type Polarization Maintaining Optical Fibers[J]. Optical Fiber Technology, 2010, 16: 156-161.

[19] 饶云江. 光纤技术[M]. 北京:科学出版社出版, 2008, 103-115.

[20] Brichard B, Tomashuk A L, Bogatyrjov V A, et al. Reduction of the Radiation-induced Absorption in Hydrogenated Pure Silica Core Fibres Irradiated in Situ with Gamma-rays[J]. Journal of Non-crystalline Solids, 2007, 353: 466-472.

[21] 杨生胜,牛小乐. 光纤的总剂量效应分析研究[J]. 真空与低温, 2005, 11: 154-158.

[22] Velazco R and Reis R. Radiation Effects on Embedded Sustems[M]. New York: Springer Verlag, 2007: 1-68.

[23] 王同权,沈永平,王尚武,等. 空间辐射环境中的辐射效应[J]. 国防科技大学学报, 1999, 21: 36-39.

[24] James B F, Norton C O W and Alexander M B. The Natural Space Environment: Effects on Spacecraft[J]. NASA Reference Publcation, 1994, 1350: 6-8.

[25] 李桃生,陈军,王志强. 空间辐射环境概述[J]. 辐射防护通讯, 2008, 28: 1

-9.

[26]何世禹,杨德庄,焦正宽. 空间材料手册(第 1 卷)空间环境物理状态[M]. 北京:中国宇航出版社出版,2012,373-402.

[27]Ozawa T. Temperature Control Modes in Thermal Analysis[J]. Journal of Thermal Analysis and Calorimetry,2001,64:109-126.

[28]Srour J R, Mcgarrity J M. Radiation Effects on Microelectronics in Space[J]. Proceedings of the IEEE,1988,76:1443-1469.

[29]He G H,Guo J D, Zhang Y Y. Measurement of Thermal Diffusivity of Thermal Control Coatings by the Flash Method Using Two-layer Composite Sample[J]. International Journal of Thermophysics. 2000,21:535-542.

[30]黄本诚,马有礼. 航天器空间环境实验技术[M]. 北京:国防工业出版社出版,2002,35-36.

[31]Miroslav C. EfficientSuppression of Thermally Induced Nonreciprocity in Fiber-optic Sagnac Interferometers with Novel Double-layer Winding[J]. Applied Optics, 1993,32:2289-2291.

[32]朱奎宝,张春熹,宋凝芳. 光纤陀螺随机漂移模型[J]. 北京航空航天大学学报,2006,32:1354-1357.

[33]Okamoto K,Toh K,Nagata S,et al. Temperature Dependence of Radiation Induced Optical Transmission Loss in Fused Silica Core Optical Fibers [J]. Journal of Nuclear Materials,2004:329:1503-1506.

[34]Mi J,Zhang C X,Li Z,et al. Bias Phase and Light Power Dependence of the Random Walk Coefficient of Fiber Optic Gyroscope[J]. Chinese Optics Letters,2006,4:379-381.

[35]Holmes S A, Adams L. Handbook of Radiation Effects[M]. New York:Oxford University Press,2002,311-326.

[36]Wang Q Y,Geng H B,Sun C Y,et al. Evolution of Defects in a Multicomponent Glass Irradiated by 1 MeV Electrons[J]. Nuclear Instruments and Methods in Physics Research B,2010,268:1478-1481.

[37]马任德,王政平,王峰,等. 辐照电子在光纤芯处能量沉积的计算[J]. 光学与光电技术,2006,4:55-58.

[38]Pfeffer R L. Damage Center Formation in SiO_2 Thin Films by Fast Electron Irradiation [J]. Journal of Applied Physics,1985,57:5176-5180.

[39]Li X J,Geng H B,Lan M J,et al. Degradation Mechanisms of Current Gain in NPN Transistors[J]. Chinese Physics B,2010,19:0661031.

[40]Friebele E J,Ginther R J and Sigel G H. RadiationProtection of Fiber Optic Materials:Effects of Oxidation and Reduction[J]. Applied Physics Letters,1974,24:412-414.

[41]Friebele E J. OpticalFiber Waveguides in Radiation Environments[J]. Optical Engineering,1979,18:552-561.

[42]梁珣,刘德文. 石英保偏光纤电离辐射效应研究[J]. 核技术,2010,33:854-856.

[43]Uffelen M V,Girard S,Goutaland F,et al. Gamma Radiation Effects in Er-doped Silica Fibres[J]. IEEE Transactions on Nuclear Science,2004,51:2763-2769.

[44]Paul M C,Bohra D,Dhar A,et al. Radiation Response Behavior of High Phosphorous Doped Step-index Multimode Optical Fibers under Low Dose Gamma Irradiation[J]. Journal of Non-crystalline Solids,2009,355:1496-1505.

[45]王艳红,郭磐,倪国强. 射频光纤链路 γ 射线辐致损伤特性实验研究[J]. 光学技术,2012,38:357-361.

[46]Kamala S K,Lahti D G,Smith W D,et al. Optical Fiber Attenuation in Proton Radiation[J]. Proc. of SPIE. Photonics for Space Environments,1996,2811:95-104.

[47]Girard S,Tortech B,R′egnier E,et al. Blackmore EW and Thienpont H. Proton and Gamma Induced Effects on Erbium-Doped Optical Fibers[J]. IEEE Transactions on Nuclear Science,2007,54:2426-2434.

[48]Klose H A,Krause M,Pfeiffer W,et al. High Fluence Effects in Scintillating Plastic Fibres by 16 MeV Electron Irradiation[J]. Nuclear Instruments and Methods in Physics Research B,1996,116:235-341.

[49]Jose′ L C,Francoise L V,Miguel V A,et al. Induced Attenuation in Ce^{3+} and Nd^{3+} Doped Fibers Irradiated with Electron Beams Under Low Dose Regime[J]. Optics Communications,2005,252:286-291.

[50]Hashim S,Ahbabi S A,Bradley D A,et al. The Thermoluminescence Response of Doped SiO_2 Optical Fibres Subjected to Photon and Electron Irradiations[J]. Applied Radiation and Isotopes 2009,67:423-427.

[51]李荣玉,殷宗敏,王建华,等. 石英光纤抗辐照加固的研究[J]. 上海交通大学学报,2000,34:215-217.

[52]肖文,张玉艳,刘德文. 光纤陀螺中石英保偏光纤 Co60 辐照效应及光褪色特性[J]. 北京航空航天大学学报,2006,32:966-969.

[53]韩艳玲,肖文,伊小素,等. 辐照光纤的主动恢复效应[J]. 红外与激光工程,2008,37:128-131.

[54]刘德文,肖文,梁珣. 光退色在光纤陀螺抗辐加固中的应用研究[J]. 宇航学报,2009,30:609-612.

[55]Yaakob N H,Wagiran H,Hossain M I,et al. Low-dose Photon Irradiation Response of Ge and Al-doped SiO_2 Optical Fibres[J]. Applied Radiation and Isotopes, 2011,69:1189-1192.

[56]Hashim S,Bradley D A,Saripan M I,et al. The Thermoluminescence Response of Doped SiO_2 Optical Fibres Subjected to Fast Neutrons[J]. Applied Radiation and Isotopes,2010,68:700-703.

[57]Yaakob N H,Wagiran H,Hossain I,et al. Electron Irradiation Response on Ge and Al-doped SiO_2 Optical Fibres[J]. Nuclear Instruments and Methods in Physics Research A,2011,637:185-18.

[58]刘德文,肖文,魏博,光纤陀螺受辐照影响机理分析[J]. 光学学报,2008,28:419-422.

[59]Friebele E J,Gingerich M E,Brambani L A,et al. Radiation effects in polarization-maintaining fibers[J]. SPIE Vol. Fibre Optics,1990,1314:146-154.

[60]常国龙,周彦平,李福巍,等. 星用光纤辐射性能实验研究[J]. 哈尔滨工业大学学报,2008,40:1036-1039.

[61]Wang X Q,Zhang C X,Jin J,et al. Radiation-induced Effects in Polarization-maintaining Optical Fibers for Interferometer Gyroscope[J]. Chinese Optics Letters, 2011,9:060601.

[62]张玉艳,肖文,刘德文. 卫星用光纤陀螺中抗辐射光纤的研究[J]. 光学与光电技术,2005,3:42-45.

[63]Caldero'n A,Calvoa E,Figueroa C F,et al. Effects of the Gamma-ray Irradiation on the Optical Absorption of Pure Silica Core Single-mode Fibres in the Visible and NIR Range[J]. Nuclear Instruments and Methods in Physics Research A,2005,538: 810-813.

[64]Kurbatov A M,Kurbatov R A. Radiation Resistant Fibers with Depressed Claddings for Optic Fiber Gyro Sensing Coil[M]. Beijing:International Conference on

Optical Fiber Sensors,2012,8421:842180-1-842180-4.

[65]Chamorovskii Y K,Butov O V,Ivanov G I,et al. N-doped-silica-core Polarization Maintaining Fibre for Gyros and other Sensors for Application in Space Industry [M]. Edinburgh:20th International Conference on Optical Fibre Sensors October,2009, 75036T-1-75036T-4.

[66]Brian P F,Kelly S P,William J T J,et al. Gamma-radiation-induced Photodarkening in Unpumped Optical Fibers Doped With Rare-earth Constituents[J]. IEEE Transactions on Nuclear Science,2010,57:1618-1625.

[67]胡恺生,李宗祥,宁鼎,等. 掺 Er^{3+} 光纤的 γ 射线辐射特性[J]. 物理学报, 1992,41:890-897.

[68]Zabezhailov M O. The Role of Fluorinr-doped Cladding in Radiation Induced Absorpion of Silica Optical Fibers[J]. IEEE Transation on Nuclear Science,2002,49: 1410-1413.

[69]Origlio G,Girard S,Cannas M,et al. Paramagnetic Germanium-related Centers Induced by Energetic Radiation in Optical Fibers and Preforms[J]. Journal of Non-crystalline Solids,2009,355:1054-1056.

[70]Girard S,Keurinck J,Boukenter A,et al. Gamma-rays and Pulsed X-ray Radiation Responses of Nitrogen,Germanium-doped and Pure Dilica Core Optical Fibers [J]. Nuclear Instruments and Methods in Physics Research B,2004,215:187-195.

[71]Toh K,Shikama T,Nagata S,et al. Optical Characteristics of Aluminum Coated Fused Silica Core Fibers Under 14 MeV Fusion Neutron Irradiation[J]. Journal of Nuclear Materials,2004,333:1495-1498.

[72]Dumanoglu I,Akchurin N,Akgun U,et al. Radiation-hardness Studies of High OH^- Content Quartz Fibres Irradiated with 500 MeV Electrons[J]. Nuclear Instruments and Methods in Physics Research A,2002,490:444-455.

[73]Tsuchiya B,Kondo S,Tsurui T,et al. Correlation Between Radiation-induced Defects and Optical Properties of Pure Fused Silica-core Optical fiber,Under Gamma-ray Irradiation in Air at 1273K[J]. Journal of Nuclear Materials,2011,417:810-813.

[74]Sporea D and Sporea A. Dynamics of theRadiation-induced Color Centers in Optical Fibers for Plasma Diagnostics[J]. Fusion Engineering and Design,2007,82: 1372-1378.

[75]李宗民,张辰华,汪勇. 光纤 γ 辐照损耗效应及缺陷机制的研究[J]. 半导

体光电,1993,12:76-81.

[76]Bravo D,Lagomacini J C. León M,et al. Comparison of Neutron and Gamma Irradiation Effects on KU1 Fused Silica Monitored by Electron Paramagnetic Resonance [J]. Fusion Engineering and Design,2009,84:514-517.

[77]Girard S,Marcandella C,Origlio G,et al. Radiation-induced Defects in Fluorine-doped Silica-based Optical Fibers:Influence of a Pre-loading with H_2[J]. Journal of Non-crystalline Solids,2009,355:1089-1091.

[78]胡恺生,李宗祥,宁鼎,等. 电子辐照对掺铒单模光纤损耗特性的影响[J]. 物理学报,1991,40:560-566.

[79]Kakuta T,Shikama T,Nishitani T,et al. Round-robin Irradiation Test of Radiation Resistant Optical Fibers for ITER Diagnostic Application[J]. Journal of Nuclear Materials,2002,311:1277-1281.

[80]Alam M,Abramczyk J,Manyam U,et al. Performace of Optical Fibers in Spaceradiation Environment[M]. London:6 th Internat. Conf. on Space Optics,2006,27-30.

[81] Honda A, Toh K, Nagata S, et al. Effect of Temperature and Irradiation on Fused Silica Optical Fiber for Temperature Measurement[J]. Journal of Nuclear Materials, 2007, 370: 1117-1121.

[82]Friebele E J,Gingerich M E, Griscom D L. Survivability of Optical Fibers in Space [J]. Proc. of SPIE,Optical Materials Reliability and Testing:Benign and Adverse Environments,1992,1791:177-188.

[83]Henschel H, Baumann E. Effect ofNatural Radioactivity on Optical Fibers of Undersea Cables[J]. Journal of Lightwave Yechnoligy,1996,14:724-731.

[84]Griscom D L,Gingerich M E and Friebele E J. Radiation-induced Defects in Glasses:Origin of Power-law Dependence of Concentration on Dose[J]. Physics Review Letters,1993,71:1019-1022.

[85]Griscom D L,Gingerich M E, Friebele E J. Model for the Dose,Dose-rate and Temperature Dependence of Radiation-induced Loss in Optical Fibers[J]. IEEE Transactions on Nuclear Science,1994,41:523-527.

[86]Ott M N. Fiber optic cable assemblies for space flight II:Thermal and Radiation Effects[J]. Proc. of SPIE,1998,3440:37-46.

[87]刘方新,张辰华,李宗民,等. 光纤 γ 辐照感生损耗的研究[J]. 中国科学

技术大学学报,1994,24(3):390-393.

[88]Levy P W. Overview of Nuclear Radiation Damage Processes:Phenomenological Features of Radiation Damage in Crystals and Glasses[J]. Proc. of SPIE,Radiation Effects in Optical Materials,1985,541:2-24.

[89]Lengweiler K,Mattern P L, Levy P W. Studies on Nonmetals During Irradiation:The Growth of Centers in KCl at 85K[J]. Physical Review Letters,1971,26:1375-1378.

[90]Levy P W. Radiation Damage Studies on Non-metals Utilizing Measurements Made During Irradiation[J]. Journal of Physics and Chemistry of Solids,1991,52:319-349.

[91]马晶,车驰,于思源,等. 光纤布拉格光栅 γ 辐射损伤及其对光谱特性的影响[J]. 物理学报,2012,61:064201.

[92]Liu H ,Liu G,Dong S L,et al. Coloring Effects of Optical Antireflective Film Irradiated by 60 keV Protons[J]. Thin Solid Films,2011,519:5131-5134.

[93]Kweon J J,Lee K W,Park J K,et al. Spectroscopic Study of Plasma-facing Graphite Tiles Modified by Electron and Proton Irradiation[J]. Nuclear Instruments and Methods in Physics Research B,2012,274:145-147.

[94]Yang S J,ChoeJ M,Jin Y G,et al. Influence of H^+ Ion Irradiation on the Surface and Microstructural Changes of a Nuclear Graphite[J]. Fusion Engineering and Design,2012,87:344-351.

[95]Ulku S,O ¨mer D, Ercan T. Effects of Gamma Irradiation on the Single Crystal Ergosterol:An EPR Study[J]. Journal of Molecular Structure,2012,1007:179-184.

[96]Bercu V,Negut C D, Duliu O G. Detection of Irradiated Frog(Limnonectes macrodon)Leg Bones by Multifrequency EPR Spectroscopy[J]. Food Chemistry,2012:135:2313-2319.

[97]Wen J X,Luo W Y,Xiao Z Y,et al. Formation and Conversion of Defect Centers in Low Water Peak Single Mode Optical Fiber Induced by Gamma Rays Irradiation [J]. Journal of Applied Physics,2010,107:044904.

[98]Liu J H,Qi Z M,Huang Q,et al. Study of Energetic Particle Irradiation Induced Biological Effect on Rhizopus Oryzae Through Synchrotron FTIR Micro-spectroscopy[J]. Journal of Molecular Structure,2013,1031:1-8.

[99]Han Y G,Kim G H,Lee K S,et al. Fabrication of Low OH Loss Holey Fibers

with Varying Air Hole Sizes and Their Optical Properties[J]. Optics Communications, 2009,282:1780-1784.

[100]Wen J X,Peng G D,Luo W Y,et al. Gamma Irradiation Effect on Rayleigh Scattering in Low Water Peak Single-mode Optical Fibers[J]. Optics Express,2011, 19:23271-23278.

[101]Durrant S F,Rouxinol F P M,Gelamo R V,et al. Characterization of Si:O:C:H Films Fabricated Using Electron Emission Enhanced Chemical Vapour Deposition [J]. Thin Solid Films,2008,516:803-806.

[102]Zhang G Q,Xua D P,Song G X,et al. Effect of Si-OH on the Transformation of Amorphous SiO_2 to Coesite[J]. Journal of Alloys and Compounds,2009,476:L4-L7.

[103]Wu C M, Gu J J, Wu Y, et al. Carboxylic Acid Type PVA-based Hybrid Membranes for Alkali Recovery Using Diffusion Dialysis[J]. Separation and Purification Technology,2012,92:21-29.

[104]Stremme W,Ortega I,Siebe C,et al. Gas Composition of Popocatépetl Volcano between 2007 and 2008:FTIR Spectroscopic Measurements of an Explosive Event and during Quiescent Degassing[J]. Earth and Planetary Science Letters, 2011, 301:502-510.

[105]Lee S H,Jeong S, Moon J. Nanoparticle-dispersed High-k Organic Inorganic Hybrid Dielectrics for Organic Thin-film Transistors[J]. Organic Electronics,2009, 10:982-989.

[106]Socha R P, Vayrynen J. The Influence of Fluoride Anions on the Silicon Carbide Surface Oxidation in Aqueous Solutions[J]. Applied Surface Science,200,213: 636-643.

[107]Lin Y J,Lee H Y,Hwang F T,et al. Low Resistive Ohmic Contact Formation on Surface Treated-n-GaN Alloyed at Low Temperature[J]. Journal of Electronic Materials,2001,30:532-537.

[108]Lin Y J,Lin W X,Lee C T,et al. Electronic Transport and Schottky Barrier Heights of Ni/Au Contacts on n-Type GaN Surface with and without a Thin Native Oxide Layer[J]. Japanese Journal of Applied Physics,2006,45:2505-2508.

[109]Kim D I, Kim K H, Ahn H S. Tribological Properties of Adsorbed Water Layer on Silicon Surfaces[J]. International Journal of Precision Engineering and Manufacturing,2010,11:741-746.

[110] Lim T Y, Kim C Y, Kim B S. Effects of SiO_2 Barrier and N_2 Annealing on Sb-Doped SnO_2 Transparent Conducting Film Prepared by Sol-Gel Dip Coating[J]. Journal of Sol-Gel Science and Technology, 2004, 31: 263-266.

[111] Cho S M, Kim Y T, Yoon D H. Optical Characterization of Silica Based Waveguide Prepared by Plasma Enhanced Chemical Vapor Deposition[J]. Journal of the Korean Physical Society, 2003, 42: S947-S951.

[112] Ismayil, Ravindrachary V, Bhajantri R F, et al. Optical and Microstructural Studies on Electron Irradiated PMMA: A Positron Annihilation Study[J]. Polymer Degradation and Stability, 2010, 95: 1083-1091.

[113] Wang Q Y, Geng H B, He S Y, et al. Effects of 80 keV Proton Radiation on the Optical Properties and Microstructure of Type-GG17 Glass as Rubidium Lamp Envelope[J]. Nuclear Instruments and Methods in Physics Research B, 2009, 267: 2489-2494.

[114] Francis S M, Stephens W E, Richardson N V. X-ray Photoelectron and Infrared Spectroscopies of Quartz Samples of Contrasting Toxicity[J]. Environ. Health, 2009, 8: S1-S4.

[115] Tetsuo F, Minoru F, Syunji O, et al. Effects of Proton Implantation on Amorphous SiO_2 Predamaged by Si Implantation[J]. Japanese Journal of Applied Physics, 1990, 29, L1846-L1848.

[116] Griscom D L. Electron Spin Resonance in Glasses[J]. Journal of Non-crystalline Solids, 1980, 40: 211-272.

[117] Yoshikatsu N, Hideyuki I, Fusami S, et al. FT-IR-ATR Observation of SiOH and SiH in the Oxide Layer on an Si Wafer[J]. Mikrochim Acta, 1988, I: 431-434.

[118] Ilya A S, Boris M T, Alexander D T. Magnetic Resonance Studies on Radiation-induced Point Defects in Mixed Oxide Glasses. I. Spin Centers in B_2O_3 and Alkali Borate Glasses[J]. Journal of Non-crystalline Solids, 2000, 262: 6-34.

[119] Cacaina D, Ylanen H, Uduar D A, et al. EPR Study of Gamma Irradiated Yttrium Bioactive Glasses and Yttrium Silica Sol-gel Microspheres[J]. Journal of Optoelectronics and Advanced Materials, 2007, 9: 675-679.

[120] Ichikawa T, Yoshida H. Mechanism of Radiation-induced Degradation of Poly(methyl methacrylate) as Studied by ESR and Electron Spin Echo Methods[J]. Journal of Polymer Science Part A: Polymer Chemistry, 1990, 28: 1185-1196.

[121]Carlson C G, Keister K E, Dragic P D, et al. Photoexcitation of Yb-doped Aluminosilicate Fibers at 250nm: Evidence for Excitation Transfer from Oxygen Deficiency Centers to Yb^{3+}[J]. Optical Society of America, 2010, 27: 2087-2094

[122]魏强,何世禹,刘海,等. 石英玻璃低能质子辐照损伤动力学研究[J]. 光学学报, 2005, 25: 83-87.

[123]宁鼎,胡恺生,傅怀杰. 氢气氛对光纤损耗特性的影响[J]. 物理学报, 1991, 39: 82-88.

[124]Gruber W, Borchardt G and Schmidt H. Trap-limited Diffusion of Hydrogen in Precursor Derived Amorphous Si-B-C-N-ceramics[J]. Journal of Non Crystalline Solids, 2007, 353: 4121-4127.

[125]Yamamura Y. Dynamic MC Simulation of Low-energy Ion Implantation[J]. Nuclear Instruments and Methods in Physics Research B, 1999, 153: 410-414.

[126]Corni F, Monelli A, Ottaviani G, et al. Radiation Enhanced Transport of Hydrogen in SiO_2[J]. Journal of Non-crystalline Solids, 1997, 216: 71-76.

[127]Alhazmi A M, Mayer P M. Protonating Polymer Oligomers in the Gas Phase to Change Fragmentation Pathways[J]. Journal of the American Society for Mass Spectrometry, 2009, 20: 60-66.

[128]Paul M C, Sen R, Bhadra S K and Dasgupta K. Radiation Response Behaviour of Al Codoped Germano-silicate SM Fiber at High Radiation Dose[J]. Optics Communications, 2009, 282: 872-878.

[129]Griscom D L. Trapped-electron Centers in Pure and Doped Glassy Silica: A Review and Synthesis [J]. Journal of Non-crystalline Solids, 2011, 357: 1945-1962.

[130]Gilard O, Caussanel M, Duval H, et al. New Model for Assessing Dose, Dose Rate and Temperature Sensitivity of Radiation-induced Absorption in Glasses[J]. Journal of Applied Physics, 2010, 108: 093115.

[131]王旭东,程远,李春东,等. S781 白漆低能质子辐照损伤的模拟研究[J]. 航天器环境工程, 2010, 27: 682-685.

[132]曹宇青,王铁军. PCVD 工艺制作特殊多模光纤[J]. 网络电信, 2007, 9: 43-44.

[133]Kakuta T, Shikama T, Narui M , et al. Behavior of Optical Fibers under Heavy Irradiation[J]. Fusion Engineering and Design, 1998, 41: 201-205.

[134]邓都才,王艳芳,高玉桥,等. PCVD 法制备低损耗单模光纤[J]. 光通信

研究,1990,53:60-60.

[135]文建湘,肖天鹏,孙建军. “1”字型石英保偏光纤的结构设计及其制备[J]. 光纤与电缆及其应用技术,2012,2:16-19.

[136]Messenger S R, Xapsos M A, Summerszr G P, et al. Co^{60} Gamma Ray Irradiations of Solar Cells: a New Way to Predict Space Radiation Damage[C]. Hawaii: IEEE, 1994:2153-2156.